■ 日本農業の動き ■　No.206

基本法20年と令和の農政

農政ジャーナリストの会

目　次

農業気象台

○…ポストコロナの農業はどうなるか。二〇二〇年五月初旬、二〇名の農業経営者に電話取材した際、品目や販売先により、置かれた状況がかなり異なっていることはわかった。牛肉と花き類の需要減少がいわれているが、それだけにとどまらない。業務向けの販売が多い経営者、東京など首都圏への販売が集中している経営者、観光業と関連がある深い経営者は一様に打撃を受けていた。小売店向け、消費者直販の比率が高い経営者からは、「注文が増えた」という声もあったが、一様に景気の先行きを懸念していた。その上で、「ポストコロナの農業は大きく変わる」、「変えていく必要がある」という意見も聞かれた。

一体どう変えていく必要があるのか。共通して聞かれた言葉は「分散」と「連携」という対照的なキーワードだった。業務向けの販売が多い経営者は、「量販店向けの新商品を開発し、分散したい」と語った。販路が都心に集中している経営者からは「一極集中のもろさを感じた。地元を含め、販路の分散は不可避」という意見も出た。

一方、コロナ以前より、深刻さを増してきた自然災害の農業・農村への影響を踏まえ、「同じ品目を生産する農家、産地同士の連携体制をどう構築するか。待ったなしの課題」と語る経営者もいた。その経営者曰く「産地間連携の重要性はさんざん言われてきたが、いまだにライバル意識が強い。根本からオールジャパンで生産体制を構築しないと、自然災害を含む未曽有の事態には対応できない」。その言葉から危機意識が伝わってきた。

○…作物、販路、人という経営資源の分散をはかり、リスクマネジメントをおこなうことが農業経営の主軸となろう。言葉ではすらりと表現できるが、実際に体制を作るには時間と労力がかかる。ましてや、コロナ禍で財務が弱体化した経営体も少なくない。難局を乗り切ることができない経営体の離農も進むだろう。

他方で、農業、農村に新たな可能性が見えつつある。筆者は、二〇二〇年四月から新潟食料農業大学に勤め、農や食に関するビジネスの魅力や可能性を学生たちに伝えている。ビジネスコースを選択した三年生、二〇名あまりにポストコロナの社会を将来予測してもらった。数名の学生から、「三密になりやすい都心から農村に人が動く。農業はチャンス」という前向きな意見が複数あった。他にも「地方での就職を考える若者への環境づくり、地方で働くことの魅力やメリットを明確化する必要がある」、「密にならないように、いままで以上にICT化やロボット化など少人数でおこなう農業が発展する」というものだ。外食や観光の不振を受け、農業がいっそう厳しくなるとみる学生の意見もあったが、農業や農村への追い風をチャンスにすべきだと考える学生が少なからずいることがわかった。

○…この直後、農政ジャーナリストの会主催の研究会にオンラインで参加した。「新型コロナウイルスと農業、流通現場の対応」をテーマの研究会の第一回目で、農水省大臣官房の岩間浩参事官から、新型コロナウイルスによる食料、農業への影響と政策対応に関する講演があった。二〇二〇年三月、新たな食料農業農村基本計画を閣議決定したこともあり、関連の説明もあった。内容は今後発行される「日本農業の動き」にて紹介されると思われ、ここでの紹介は控える。

　コロナ禍による農業や流通への影響を緩和するために、様々な支援策を講じた上で、基本計画に沿って粛々と施策を実行していくという姿勢が伝わってきた。世界的に景気後退が懸念されるなか、五兆円という農産物輸出金額の目標を再設定する必要性について、省内では議論になっていないとのことだった。

○…船出したばかりの基本計画を見直すなど現実的ではないかもしれない。だが、日本の農業が追いかけようとしてきた世界の食品市場の成長スピードは、一時的とはいえ停滞をまぬかれない。一方、国内の生産基盤の強化にむけた動きが活発化することが予測される。しばらくは海外より国内に農業関係者の目は向くだろう。基本計画の閣議決定にあたり、食料・農業・農村審議会企画部会は、全国の農業者を通じ、現場の実情をヒアリングしたという。あらためてヒアリングをおこない、現計画に加える事項がないのかどうか、是々非々の議論を期待したい。（浩）

農業気象台

特集：基本法20年と令和の農政

「地域政策の総合化」への期待

～新たな食料・農業・農村基本計画を読んで

会員　行友　弥

新たな食料・農業・農村基本計画が今年三月末に閣議決定された。言うまでもなく食料・農業・農村基本法に基づく政策の一〇年先を見通す青写真だ。おおむね五年に一度見直されるため、今回は四回目の改定になる。

昨年は一九九九年の同法制定から二〇年という節目の年でもあった。農業の近代化や生産性向上に力点を置いた旧農業基本法（一九六一年）に「食料」と「農村」という新たな柱を付け加えた現行基本法の理念が生かされてきたのかどうか、さまざまな議論が交わされた。

現行基本法が「基本計画」という五～一〇年間のグランドデザインを示すことになったのは、とかく目先の政治情勢に左右されやすい政策決定過程を改め、中長期的な視野に立った農政の軸を示すためだ。その意味でも基本法の意義を問い直す声は尽きない。

農政ジャーナリストの会は、昨年八〜一〇月に「制定二〇年　食料・農業・農村基本法を点検する」と題して四回の研究会を開き、今年一、二月には「令和の農政展望〜新たな食料・農業・農村基本計画に寄せて」をテーマに二回の研究会を開催した（残念ながら新型コロナウイルスの感染拡大状況に鑑み、予定していた後半二回は見送らざるを得なかった）。

基本計画を取り上げるかどうかについては、幹事の間に賛否両論があった。反対意見は「基本計画は形骸化し、現実の政策決定の指針になっていない。『絵に描いた餅』の出来栄えを議論しても仕方がない」というものだった。筆者を含め、このテーマを推した側にも同じ思いがあった。

しかし、だからこそ改めて基本法と基本計画の意義や問題点、その「生かし方」をもう一度議論すべきだろう。「仏作って魂入れず」が実態なら、魂を込めなければならない。その前提は国民の幅広い議論に基づいた合意形成だ。当会の活動が、微力ながらその議論を喚起するきっかけになればと思う。

新基本計画は産業政策と地域政策を「車の両輪」にすることを基本方針に掲げた。これは基本法の理念の再確認であり、目新しいものではない。二〇一五年に策定された前の基本計画も同じであり「田園回帰」など地域をめぐる新しい潮流にも言及している。

前回は農業の「成長産業化」に大きなウエートが置かれたが、今回もその旗は下ろしていない。

むしろ、人工知能（ＡＩ）やロボット技術を生かしたスマート農業の導入など、イノベーションの推進には前回より熱心な印象すらある。もちろん、農業者の減少や高齢化がさらに進み、省力化が喫緊の課題になっていることを踏まえたものだろう。

ただ、今回は「地域」をめぐる問題意識がより鮮明になり、施策の方向も具体化されている。その象徴が「地域政策の総合化」という言葉だ。

前回の基本計画で「地域政策」という言葉が使われたのは、六〇ページに上る本文の中で二回しかない。一つ目は「まえがき」で「（産業政策と）地域政策を車の両輪として進めるとの観点に立ち、食料・農業・農村施策の改革」に取り組むとうたい、２カ所目も「（産業政策と）地域政策を車の両輪として進めるという観点に立ち、食料・農業・農村施策の改革を推進」（一〇ページ）と、ほぼ同じ抽象的な表現を繰り返している。

これに対し、今回の基本計画は「地域政策の総合化と多面的機能の維持・発揮」という独立の項目を設けた。田園回帰に加え、半農半X、デュアルライフ（二地域居住）、サテライトオフィス、関係人口などのキーワードを並べ、政策の「総合化」の必要性を強調している。

地域政策のポイントとして挙げたのは、①農業の活性化や地域資源の高付加価値化を通じた所得と雇用機会の確保、②安心して地域に住み続けるための条件整備、③地域を広域的に支える体制・人材づくりや農村の魅力の発信等を通じた新たな活力の創出――の三つだ。

そして、これらの施策を推進するにあたり、民間事業者も含めた関係機関の「連携」を打ち出した。「効果的・効率的な国土利用の視点も踏まえて関係府省が連携した上で都道府県・市町村、事業者とも連携・協働し、農村を含めた地域の振興に関する施策を総動員して現場ニーズの把握や課題解決を地域に寄り添って進めていく必要がある」（傍線引用者）と強調している。

「地方創生」で先行する総務・国交省

こうした連携や「総合化」を掲げた背景には、現行基本法が掲げた「地域政策」の空洞化への危機感があるように思われる。

もちろん現行基本法制定と連動し、農政当局は「地域」をターゲットとした政策に取り組んできた。代表格は中山間地域直接支払い制度だが、条件不利地の現状維持を図る守りの施策という色合いが濃かった。「既存の住民に頑張ってもらう」ことが基本で、外部から新たな人材や知恵を呼び込んだり、地域住民の前向きな気持ちや潜在力を引き出したりする要素には乏しかったと言わざるを得ない。また、支援の手法も「国が定めた要件に沿った活動をすれば交付金を出す」という従来の補助金行政の域内にとどまるものだった。

一方、総務省や国土交通省は近年、従来の枠組みを超えた地域政策を次々と投入している。たとえば、総務省が中心になって推進する「地域おこし協力隊」は、農山漁村の活性化を担う人材を大都市圏から送り込む施策だ。国が協力隊員の活動費（実質的に生活費も）を地方自治体経由で支給するため補助金政策の一種でもあることは確かだが、人口減少と高齢化が進む地域は「カネ」以上に「ひと」を切実に求めており、そこを補う点に新しさがある。

自治体側の受け入れ態勢などさまざまな問題も抱えつつ、隊員数は一九年度（見込み）で五四六六人、自治体数は一〇七一市町村に達している。制度が発足した〇九年度との比較では隊員数で六一倍、自治体数で三五倍という増加ぶりだ。

同じく総務省などが推進する「地域運営組織」は、地域の暮らしを支えるさまざまな活動に取り組む組織だ。こちらは既存の住民の能動性を引き出す仕掛けといえる。二〇年までに三〇〇〇団体の結成を目指す目標が掲げられたが、一八年までの実績は四七八七団体と、大幅な超過達成となった。国は二四年までに七〇〇〇団体という新たな目標を掲げている。

この地域運営組織をはじめ、さまざまな地域活動を支える「小さな拠点」の整備は国土交通省が中心的に担っているが、その数は一九年五月末時点で全国一八六七ヵ所に達し、約三割の市町村に設置されている。

こうした施策の司令塔は、政府の「地方創生」政策に基づいて一四年に設置された「まち・ひと・しごと創生本部」（事務局は内閣官房・内閣府）だ。同本部は全国務大臣で構成されるが、関連施策の打ち出しにおいて農林水産省の存在感は希薄だった。

一二年の第二次安倍政権発足後、同省は「農業の成長産業化」を至上命題としてきた。産業政策として「攻めの農政」が強力に推進される中で、地域政策については他の府省や現場の自治体に「お任せ」の状況だったように見える。

加速する人口減少への危機感

一方、同省の地域政策の柱である中山間地域直接支払い制度は頭打ちの状況だ。一八年度の交付対象面積は六六万四三一五ヘクタールで、〇八年度の六六万四四六三ヘクタールとほとんど変わらない。一時は増加傾向にあったものの、一五年度から第四期対策に入った際には六五万三八一五ヘクタールと、前年度比三万三四〇五ヘクタール(約五%)も落ち込んでしまった。

同制度は五年間の事業期間中に取り組みをやめてしまったり、耕作放棄地を出したりすると交付金を返還しなければならない。高齢化の進んだ、いわゆる限界集落では「五年先」を見通せない部分も多く、取り組みに慎重にならざるを得ない実情があるのだろう。

農水省は複数集落が連携して取り組む「広域協定」に対する加算措置も導入し、実績の積み上げを図っている。

しかし、既存の住民に「カネは出すから何とか頑張って」という手法だけでは限界にきているのではないだろうか。

総務省や国交省、厚労省などが危機感を持つ大きな背景は、いうまでもなく「人口減少」だ。日本の総人口は〇八年から減り始め、その減少ペースもどんどん加速している。

厚生労働省が今年六月五日に発表した最新の人口動態によると、昨年、死亡数（亡くなった人の数）から出生数（生まれてきた子の数）を差し引いた人口の「自然減」は五一万五八六四人と、初めて五〇万人を上回り過去最大の減少幅になった。出生数は八六万五二三四人と四年連続で最少。合計特殊出生率（一人の女性が生涯に産む子どもの数に相当）は一・三六で、同じく四年連続の低下だ。

国立社会保障・人口問題研究所の推計によると、現在の約一億二〇〇〇万人が、六五年には約八八〇八万人になる。年少者が多く高齢者が少ないピラミッド型の年齢構成はすでに崩れているが、六五年ごろには高齢者に大きく偏った（上が膨らんだ）「棺桶型」になる。

民間有識者で構成する「日本創成会議」（座長・増田寛也元総務相）は一四年に「地方消滅」に関する衝撃的なリポートを発表した。

八九六の「消滅可能性」自治体リストを示した手法や、中規模の地方都市に「人口のダム」を築くとする選別主義的な提言には全く賛同できないが、このまま東京一極集中が続くことへの危機感は共有できるものだった。

「消滅可能性」のレッテルを張られた自治体の多くは反発したが「客観的な事実として受け止める。普通に推計すればそうなる」（群馬県南牧村の長谷川最定村長、一五年一一月一〇日付日経新聞のインタビュー記事）と、リアリティーをもって受け止めた関係者もいた。

厚労省が掲げる「共生社会」の理念

厚生労働省も「地方創生」とは別の文脈から「地域」に目を向けている。同省は従来から高齢者などの福祉を地域ぐるみで担う「地域包括ケアシステム」の構築を掲げてきた。最近では、それを一歩進めて「地域共生社会」という理念を打ち出している。

これは高齢者や障害者のケアだけでなく「貧困」や「社会的孤立」といった幅広い社会問題を地域の「互助」（支え合い）の力で克服していこうという考え方だ。

高齢化が進むなか、親の介護のために仕事を辞める「介護離職者」が増えている。彼らは親の年金に依存して暮らし、親の死去とともに収入源を断たれてしまう。気が付けば自らも高齢者の一歩手前で、社会との接点を回復する気力、体力が持てない人も多い。

求職活動もおこなわないため「失業者」にカウントされない「ミッシングワーカー」が、日本には一〇〇万人以上いるという（ＮＨＫスペシャル取材班編「ミッシングワーカーの衝撃」）。多くは生活保護受給者になり、結果的に社会保障給付を増大させる。

昨年、政府が発表した推計によると、四〇～六四歳の「中高年ひきこもり」は全国に六一万人余りいるという。親が八〇代（七〇代）、ひきこもる子が五〇代（四〇代）という「八〇五〇（七〇四〇）

問題」と呼ばれ、それを象徴するような事件も起きている。「ひとり親」世帯の苦境と「子どもの貧困」も深刻化し、子どもの七人に一人が貧困の状態にある（国民生活基礎調査によると一五年で一三・九％）。

こうした問題の多くは複合的・相乗的に生じている。親の介護と子どもの養育を一人で担う「ダブルケア」など複数の困難を抱える当事者は珍しくない。厚労省が「地域共生社会」を掲げるのは「高齢者は高齢者福祉」「子どもは児童福祉」といった縦割りでは対処できない事態が広がっていることも背景だ。

今のところ、こうした問題は地縁・血縁が希薄な都市部で目立つ。しかし、高齢化と地域コミュニティーの弱体化が進む農村部も他人事ではない。すでに「限界集落」と呼ばれるような地域においては、高齢化した住民をどうサポートしていくかが重い課題になっている。

食料・農業・農村基本法の第三四条二項は次のようにうたっている。

「国は（中略）地域の特性に応じた農業生産の基盤の整備と交通、情報通信、衛生、教育、文化等の生活環境の整備その他の福祉の向上とを総合的に推進するよう、必要な施策を講ずるものとする」（傍線引用者）

「国」が農水省だけではなく、政府全体を指すことは言うまでもない。しかし、だからと言って「農水省は農業振興に専念すればいい」という縦割りの姿勢は、基本法の立法趣旨に反する。

「農水省は地域政策の主導権を奪い返せ」ということでもない。求められているのは各府省、自治体、あるいは農協などの団体や住民組織、民間企業などの個別の取り組みに「横串」を通し、有機的に連携させることだ。そのためにも、農水省は自ら地域政策の新機軸を打ち出し、制度や組織の枠組みを超えた議論を提起していかなければならない。

「多面的機能」の問い直しも必要

地域が衰退すれば、農林漁業も衰退する。産業論の視点だけで言えば「スマート農業」や外国人の就労などで、人口減少の影響はある程度カバーできるだろう。極論すれば、農山漁村に住む人がいなくなっても農林水産物の生産は可能かも知れない。しかし、それは多くの国民が望むことだろうか。基本法が目指すのは、そんな農山漁村の姿なのだろうか。

たとえば、自宅周辺の農地で零細な農業を営んでいる高齢者を考えてみたい。その作物は、自家消費用が中心であり、せいぜい地元の直売所に持ち込んで販売するか、あるいは隣人や親類に分ける程度だろう。一五年農林業センサスによると、こうした「自給的農家」は八二万五〇〇〇戸で総農家戸数（二一五万五〇〇〇戸）の三八％を占めているが、産業政策としての農政の対象ではない。

しかし、この高齢者たちが農作業を営むことで心身の健康を保ち、医療や介護などの社会的費用を節約してくれているとは考えられないだろうか。毎朝、直売所に足を運び、知人らと雑談したりお茶を飲んだりすることで地域の人間関係が維持されているとしたら、そのことによって、たとえば防災・防犯にかかる行政経費が軽減されていないだろうか。

社会学では、こうした人間関係のネットワーク（社会関係資本）が豊かな地域では、行政や経済活動の効率性が高いことが指摘されている。たとえば一三〜一六年に滋賀大学と内閣府経済社会総合研究所が共同で実施した実証研究でも、それは裏付けられている。

社会関係資本が豊かな、言い換えれば「人の温かさ」がある地域には、外部からも多くの「交流人口」が訪れる。それが定常化して「関係人口」となり、地域は活気づく。関係人口の一部は移住者になり、その人々が子を産み育てれば、人口減少にも歯止めがかかる。これはおとぎ話ではない。実際に多くの地域（特に中山間地域）で起きていることだ。

基本法第三条は「農林水産業の多面的機能」として国土や景観、環境の保全機能を挙げている。それに加え、農林水産業には「人と人とのつながり」を生み出し、地域をエンパワーメントする力があるはずだ。障害を持つ人や「ひきこもり」の人が農作業に参加することで、社会との接点や生きる力を身につける「農福連携」が、その好例だろう。

新型コロナウイルスの問題で今、地域は困難を抱えている。しかし、この危機は新たな社会連帯の道を見出す好機でもあり、農林水産業はその要になり得る産業だ。たとえば、コロナで休業や失職を強いられた人々が、外国人に代わって生産現場を支え始めている。こうした動きを、新たな関係人口獲得のチャンスと捉えることも可能だろう。

せっかくの基本計画を「絵に描いた餅」に終わらせてはならない。社会の新たな潮流を捉え「農を基盤とした地域再生」に取り組むことを農政当局に期待したい。

（ゆきとも　わたる・農林中金総合研究所特任研究員）

基本法二〇年の評価は

元農林水産事務次官　高木　勇樹

ただいまご紹介いただいた高木でございます。この研究会の第一回の講師として声がかかったのは、たまたま私が現役のとき、食料・農業・農村基本法の制定に次官としてかかわったということからだと思います。基本法の生みの親というよりも、かかわったということです。食料・農業・農村の実態そのものが、この基本法を生み出したと理解しています。私なりに、基本法は何を狙っていたのかを考えてみたいと思います。

この基本法は平成一一（一九九九）年の七月に制定されました。この基本法は突然できたわけではありません。諸先輩による度重なる農政課題への挑戦への流れの中でＧＡＴＴウルグアイラウンド交渉がおこなわれていたわけですが、ＧＡＴＴ決着をにらんでの省内検討の結果が（一九九六年開始）平成四年六月に出された「新しい食料・農業・農村政策の方向」、いわゆる新政策でした。副題が「二一世紀に向けた政策展開の基本的考え方」となっています。

　もっともこのときの議論ではコメがＧＡＴＴ交渉の大きな柱になっていたこともあり、食管制度については触れることができませんでした。もう一つの課題として農地制度があったわけですが、この頃は、行政においても政治においても、そして関係団体においても、基本的に農地制度について議論すること自体がタブーでした。そのため、農地制度についても抜本的な議論はおこなえませんでした。

　そのように限界がある中でも、「経営感覚に優れた効率的安定的な経営体」という言葉をはっきり出し、それを育てる環境整備をしなければいけないとしました。環境整備ということは、いわゆる農業経営的なものだけではありません。農業では、農地、人、技術、そして加工・販売までを含めたことが経営であり、それらを創意工夫によって効率的・安定的に持続していくことが求められます。農業経営体として個別経営体と組織経営体という概念を出しました。平成二年に三八三万戸くらいだった農家数は、平成一二年には二五〇～三〇〇万戸になり、その内訳は個別経営体が三五～四〇万、組織経営体は四～五万、そのほかは自給的農家、個別経営体以外の販売農家です。

　そのように、新政策では経営ということをはっきり打ち出したことと、経営感覚にすぐれた形態として法人化を評価しました。それに関連して、いろいろな仕組みを変えていこうとしました。当然、農業構造を変えるということは、地域政策とそれにかかわる人のことも関連します。そうしたことを総合的に打ち出したのが、この新政策でした。

その後、ＧＡＴＴウルグアイラウンド交渉が、平成五年暮れに実質的に決着をしました。それに応じて、平成六年秋からさまざまな措置が実行されます。このとき、コメは関税特例とされ、加重されたミニマムアクセスが課されました。そして、六兆一〇〇〇億円というＷＴＯ関連対策が打ち出されていきます。そうした中で、二〇〇〇年から始まるとみられていたＷＴＯの再交渉を念頭に、国内や海外の農業の実態に対応した、新しい基本法の策定が打ち出されてきます。そうして、いろいろな議論を経て、平成一一年七月に、新基本法が制定されました。

四つの基本理念はベースキャンプ

食料・農業・農村基本法には、四つの基本理念があり、それは、新政策の中にも埋め込まれていました。それは、農業の持続的な発展、食料の安定供給の確保、多面的機能の発揮、そして農村の振興です。この基本理念を具体化する法律・制度があわせて用意されるのが通常ですが、実態はそうはなっていませんでした。基本理念は政策の方向を示したものであり、いわばベースキャンプだといっていいでしょう。ベースキャンプをどこに置くかは、登頂ルートを前提に決められます。しかし、基本理念はしっかり定められましたが、登頂ルートが明確になっていない場合も少なくなく、とりあえずおおよその場所にベースキャンプを置いたというのが実際だったのでしょう。もちろん、政策によっては、登頂ルートがある程度明確になっていましたが、そうでなかったものが多かったというのが現実でした。

こうした基本理念と政策の方向は抽象的であったこともあって、政治的にも容認されました。政治も危機感をもっていたのです。自民党の基本政策小委員会は平成一二年（二〇〇〇）一二月、新たな経営所得安定対策についての提言を発表しました。当時はあまり注目されませんでしたが、非常に重要な提言だったと思います。経営を単位とする経営所得安定対策の早期導入が自民党から提言されたことに大きな意味がありました。そこでは、約四〇万経営体と対象が明確に示されていました。そうした提言が出てくるほど、自民党自体もそうとうな危機感を持っていたと思われます。しかし、その経営所得安定対策の具体化はなかなか進みませんでしたが、品目横断的経営対策や収入保険などの形となっていきます。いずれにしても、四つの基本理念を具体化する制度・法律は十分には用意されていませんでした。

食料・農業・農村基本法の第七条は、食料・農業・農村に関する施策を総合的に策定・実施することは国の責務だとしています。食料、農業、農村に関する政策を個別ではなく、総合的に策定して実施しなければならないのです。しかし、残念ながら現実にはそうした視点で政策がつくられているようには見えません。もちろん、それぞれの考え方で政策を実践しているのでしょうが、やはり総合的に実施することが必要です。

もう一つ重要な要素は、平成一四年一月から始まった生産調整に関する研究会です。これは、米政策の改革を狙ったものでした。米政策は農政そのものであり、米政策改革は農政改革と同じ意味を持っており、その意味でも重要なものでした。ネガ配分からポジ配分に生産調整の実施方法を変える、その方法を検討することが当初の目的でしたが、私は研究会座長代理としてむしろ食料・農業・農村に関する施策を総合的に実施することを、ここで打ち出していき、行政や政治に実行してもらうことを企図しました。平成一四年六月の中間とりまとめでは、総合的な検証を踏まえた総合的な対応方向を示すことができました。その対応方向には、米政策だけではなく、農地制度、経営政策を包含して、米づくりのあるべき姿の実現を目指すこととしたのです。

そこまでは研究会が主導してきましたが、示された対応方向の具体化は結果的にはできませんでした。秋の最終報告時には、まったく残念な結果になりました。そういう意味では、挫折と言っていいでしょう。

例えば、経営所得安定対策の具体案、農地制度見直しの実行プログラムなどに関してはまったく具体策が示されませんでした。結局、政治との調整をした上で、米政策改革大綱が平成一四年暮れに出ました。そこでは、ポジ配分と生産者・生産者団体による主体的取り組みを平成二〇年産からおこなうことが主な内容となりました。生産者・生産者団体の主体的取り組みについても、いろいろな政治情勢の中で実行されないという結果になりました。

現場から起こしていく創造的な破壊

今振り返ると、食管制度と農地制度、農協という政策体系は、戦後の食糧難を乗り越えるためには非常に有効なシステムだったと思います。いろいろな意味で、そのシステムが対応力を失ったにもかかわらず、応急措置をしながらやってきました。それを創造的に破壊することが、新しい基本法の本当の狙いだったと思います。それが実現できているかどうかは、検証すべきです。安倍政権になって、農地や農協の問題が取り上げられてきています。たしかに、岩盤に穴は開きましたが、まだまだ創造的に破壊されたとは言えません。農福連携やスマート農業といった政策も推進され、いろいろなツールがあることは良いことではありますが、効率的安定的経営体の実現にどの程度役に立つのかどうかが検証される必要があります。

私が見る限り、農業を産業として、経営として捉え、持続と自立を念頭において経営をしている経営体は、それなりに出てきていると思います。そういう方々が農業の現場を変えていくのでしょう。その結果を行政や政治が追認することになり、制度やシステムが変わっていくのだと考えます。乱暴な言い方をすると、食管制度を壊したのは闇屋でした。不正規流通は、ある意味では国民の需要にあった米流通だったのではないか。行政や政治は、現実の制度やシステムをなかなか壊せません。現場で持続する経営として農業をしている人たち、農地、人、技術、そしていろいろな企画販売力を持って総合的に経営している方々は自分たちの創意で取り組んでいき、それが結果的に、戦後からの政策体系を破壊することにつながったのです。そうして、基本法の理念が完成するのだろうと思っています。

いろいろな制度、仕組みそれぞれを個別にいじくりまわしても、うまくはいかないだろうと思っています。従って、持続的農業経営体支援法のようなものをつくって、その中に農地や経営政策など、いろいろなものを総合的に位置づけて、政策を実行していくほうがいい、むしろそれしか方法はないと思い、それを主張してきました。もちろんこの農業経営体の経営形態は法人でも家族農業でも農協でも持続する経営をしていれば不問です。

日本農業法人協会に加入する法人数は増えてきていて、一定の力を持ち始めていることは事実です。しかし、私がその設立に期待したのは、組織として政策提言をし、情報発信をすることです。そういうことを自らできるような組織になってほしかった。そういう点では、ほかの農業団体と比べて、まだ力は足りないと思います。法人協会が自立して、自ら動くに至っていないということは、これまでの政策枠組みの創造的破壊がまだできていないということでしょう。日本農業法人協会ができて二〇年が経っていますが、その姿を見ているとそう考えざるをえません。

新政策においても、新基本法においても、女性経営者をしっかり位置づけました。しかし、それがいっこうに実現できていません。日本農業法人協会の理事にはたった一人の女性しかいません。農業・農村の実態から見て、このようなことでいいのでしょうか。

ささやかな対応ではありますが、三年ほど前、NPO日本プロ農業総合支援機構、食農連携機構、日本農業法人協会、日本GAP協会という四つの団体が連携して、農業経営支援協議会を設立しました。効率的・安定的経営体の様々な悩みを解決するためのプラットフォームとしてつくりました。そういう取り組みをささやかながらおこなっています。おそらくこの二〇年は、制度・仕組みも相当変わってはきていますが、この変化で、この先も十分対応できるかと言うと、私は不安に感じております。やはり、現場の経営体がその想像力と感性で創造的破壊を主導した結果を行政や政治が追認するスピードが加速すると思っています。

（たかぎ　ゆうき）

〈質　疑〉

――新基本法が目指した一つは食料の安定確保でしたが、食料自給率を見ると、二〇〇〇年（平成一二年）に四〇％だったものが、目標の四五％を大きく下回って三七％です。また、多面的機能についてはどう評価されますか。

高木　自給率をどう扱うかは、新基本法策定以前から、調査会等でも議論があったところです。自給率は国内生産でどれだけ需要を賄っているかということですが、需要が減って供給力が上がれば自給率は上がるという、結果を示す数字です。その数字自体に何かの意味があるわけではありません。それを構成している中身（農地・担い手・技術・生産構造・需給構造など）が大事だということを、自給率を政策的に位置づけるときには何度も申し上げてきました。自給率がなぜ下がるのか、なぜ上下変動するのかを数量的にきちんとはっきり国民に示していくことが重要です。自給率レポートとして、少しの間はそれが出ていたと思います。いつの間にか、それはなくなってしまいました。自給率の数字が低いというだけで不安を感じるのはおかしいと思います。やはり、自給率の中身がどういうことなのかということを分析し、もっと情報発信をすべきだと思います。

食料は最も大事なものですが、ほとんどの人が毎日食べていられるので、それほど特段の関心をもっているわけではありません。従って、こちらからしつこいくらいに情報発信をするべきだと思います。私は、食料・農業・農村の政策に関しては、そういう情報をわかりやすく発信することが大事だと思います。三七％という自給率についても、その内実についてもっと細かく情報発信するべきだと思います。

政策をつくるうえで私がいつも言っていたのは、情報開示の重要性であり、そのためにも現場をしっかり見ることが大事だということです。その意味では、情報開示とその仕方はもっともっと工夫をする必要がある。自給率目標をたてたのは、結果を示す数字ではあるものの、それがあまりにも低いので、これを上げていく方向で目標をたてることにしたものです。現実的にはかえって下がっていますが、上げることを目標とすることは悪いことではなく、そのことを通じて、国民に食料・農業・農村の実態をきちんとわかってもらうためにも必要だと考えました。この自給率目標を掲げることに反対した方々は、この数字が独り歩きして、予算が足りないからもっと予算をつけろとなってしまう、むしろ「自給力」とすべきだと言っていました。

しかし、「自給力」も分解すれば農地・担い手などをどう確保するかという自給率の中身に帰着します。だと言って、当時は高い数字となっていた金額自給率を採用しても、それも今では低下しています。だんだん議論もされなくなってしまい、不幸なことだと思っています。三七％という数値の見方にはさまざまあるでしょう。目標を掲げていながらおかしいじゃないかと言われればその通りですが、やはり、農業の持続的発展のための条件整備がきちんとできていないことが、自給率が上がらないことの大きな原因だろうと思っています。

例えば、多面的機能を維持しようとしても、農業が持続的に発展していなければ、おそらく絵に描いた餅に過ぎないでしょう。食料の安定供給も、絵に描いた餅になってしまいます。農村の振興についても同様です。やはり、農業の持続的発展が核になります。

――創造的破壊を目指した政策枠組みのうち、食管制度はほぼなくなり、農地制度は、二〇〇九年の企業参入容認で前進した。農協制度は、どうなのでしょうか。

高木　食管制度は確かになくなりましたが、米流通の実態には食管制度時代の発想が大きく残っていて、なかなか民間の主体的判断が出てきていません。国は生産調整目標をつくらないと言いましたが、結局、現場は目標が示されないと不安になる。やはり、食管制度のDNAに引きずられているのだと思います。減反という生産調整はなくなったわけですが、むしろ生産調整が強化されているという見方もできます。食糧法を読んでみると、旧食管制度との違いは確かにあるものの、随所に旧食管制度の影が見えます。食管制度の名のもとに過剰米の買い上げや対策費の支払いなどがおこなわれ、高い米価格を支えてきましたが、手法は変わったものの、今でも、主食用の価格を上げることが相変わらずおこなわれています。一〇〇万トンから一五〇万トンあるともいわれる業務用米、あるいは加工用米にはなぜ向かわないのか。農業者は経営感覚があるので、楽して儲かるところに売るに違いありません。そのように誘導すれば、そうした需要に米は向かうでしょう。

食糧法では、建前上国はまったく手を出していないとはいうものの、実際はそうなっていない。それでは、需要に応じた米づくりの姿は実現されていないのではないでしょうか。その意味では、やはり米に関する政策は食管制度の障壁が完全に取り払われてはいません。

農地制度は、平成四年頃まではタブー視されていましたが、私が退官する頃には議論することはできるようになっていました。それは、新政策を出す頃にはすでに十数万ヘクタールの耕作放棄地が発生しており、農地法第一条と齟齬をきたすようになってきていたからです。耕作されない農地はあり得ないにもかかわらず、耕作放棄地が発生しているということは、農地法そのものが現場の実態に適応する能力を失ったということなのです。

そこで農地制度が、クローズアップされました。そのとき省内の担当者が言っていたのは、つくるものがないから耕作放棄されているということでした。つくるものがあれば耕作するということでした。果たしてそうでしょうか。ある人はそこでつくるものがないと思うかもしれませんが、ほかの人は違うものをつくれると思うかもしれません。しかし、つくるものがないから耕作されないのだという議論が通っていた時代でした。そして、所有から利用へと軸足を移した農地法の大改正がおこなわれました。私はその方向は間違っていないと思っています。もっとも、農地法第一条をよく読むと、耕作者主義から完全に離れたわけではないことがわかりますし、一筆主義など、従来からの仕組みはそのまま受け継がれています。農地を利用するという方向にもっていき、効率的安定的経営体に農地利用を集積していくために、いろいろな政策をうっていくことになっていますが、まだまだ壁があると思います。やはり、農業経営体総合支援法のようなものの中で農地制度も扱えば、もっと単純明快に利用方向を整理できると思います。分散錯圃をなくし面的な集積を図ろうと思えば、今のように一筆主義でやっていたら、コストがかかってどうにもなりません。農地中間管理機構ができましたが、それ以前にも県単位では公社などで同様の仕組みはありました。それがうまくいかなかったため、このような仕組みにしたのだと評価はできます。ただ、一番問題なのは、農地の需要と供給を考えると、今のところは供給（所有者）側に力が入っていますが、ほんとうは需要側に軸足を移すべきです。

しかし、それは今の農地制度の中ではなかなか難しいのではないかと思います。需要者側が、こういう農地を集積してほしいと申し出て、それを前提に供給側に働きかけていくことを原則とするべきだと思います。

農協改革はある程度進められましたが、農協法一条に手を触れていませんし、正組合員と准組合員の問題も残ったままです。いろいろな事情をもつ地域において、農協がどんな役割を果たしていくのかについて、今後、自らの問題として取り組んでいくことになります。農協も民間の団体ですから、政府は余計なことを言うなというのは当然です。少子高齢化が進み、地域の環境が大きく変わっていく中で、農協それぞれがどう役割を果たしていくかによって、農協制度の方向が変わってくるだろうと思います。そうでないと、創造的破壊にはならならないでしょう。

――日本に農業法人の数はずいぶん増えてきました。今までにないような大きな事業展開をする法人も増えてきているようです。その一方、企業の農業参入はなかなかうまくいっていないようです。農地法による制限はあるにしても、原因はどこにあるとお考えですか。

高木　企業の農業参入になかなかうまくいかない面があるのは、その企業は企業としてのノウハウは持っているものの、農業に対するノウハウがなかったからではないでしょうか。とくに農業生産に関するノウハウは、簡単には得ることはできません。農業者と連携しながら、自分たちの得意分野を農業経営者側に提供し、農業経営者側からは農業者の得意分野に関するノウハウを出していくことが、成功する秘訣だと思います。地域によっては、地元の建設会社で働いている方は農家の人も多いので、そういう人が建設機械などを利用しながら、経験のある農作業を担って、成功している例もあるようです。

いずれにしても、企業がそのまま参入してうまくいくということは、基本的にはあまり考えられないと考えております。六次産業化や農商工連携をうまく使うことが大事だと思います。もっとも、野菜工場も技術的にも進んでいますし、コストも低減できるようになっているようですので、そうしたものは企業が参入しやすいのではないかと思います。これからは、そのように、いろいろな分野の企業が農業に関連してくるようになるでしょう。スマート農業の行方は企業にとっての関心のあるところでしょう。いろいろな形の中から、成功事例が出てくると思います。

――農業の持続的発展を目指す場合、国際化に対応して効率化をどこまで追求されるのでしょうか。また、農地制度は利用に重点を置くべきだとおっしゃっていましたが、憲法に定められる財産権との調整はどのように図るのですか。

高木　産業として自立するには、その代だけではなく持続し、経営としても成り立っていかなければなりません。そのためには、人、農地、企画・技術、販売などの経営資源に創意工夫をもって、総合的に発揮できる場をつくる必要があります。そうして、効率的安定的な経営が実現でき、持続していくということだろうと思います。そういう経営が日本農業の太宗を占めていく中では、むしろ積極的に国際的なルールづくりに参加して、わが国はここまではできると積極的に発言していくほうがいいのではないかと考えます。ＧＡＴＴウルグアイラウンド交渉では、日本はルールづくりにはほとんど参加していませんでした。例えば当時の青の政策など個々の政策議論にも、きちんと踏み込んでいくことができるようにすべきです。

そのためには、国内農業の環境がある程度整っている必要があります。そうすれば、ここまではできるが、それ以上はできないというルールをつくれるわけです。ウルグアイラウンドで受け入れた特例措置を関税措置に切り替えましたが、そうした失敗を繰り返してはなりません。関税措置に切り替えても、加重されたミニマムアクセスを課せられ、それに応じなければ更に加重されるというルールを受け入れてしまいました。日本は結局、関税化を絶対拒否したことから、ルールづくりに参加できなくなったわけです。最終的に、特例措置としたダンケル提案に応じざるをえなかった。特例というからには好ましい内容かと思えば、関税率を四から八％にするという、実はとんでもないものでした。ルールづくりに参加していないと、そのような結果になるのです。当時の国内では、与野党ともに関税化阻止でした。ＴＰＰについても、はじめからダメというのではなくて、どこまで国際化できるのかを検討することが重要です。

もっとも、国内の農業経営体がその水準にあるのかがはっきりしなければ戦いようがありません。従って、まず国内で効率的安定的な経営体が太宗を占めるという状態にして、コストなどの経営状態が明らかになれば、関税のレベルあるいは別の方法で守ることを選択できます。そういうことを、私は申し上げてきたつもりです。

――ルールづくりということで言うと、アメリカがルールづくりを拒否したことの影響が大きいと思うのですが。

高木　アメリカというのは勝手な国ですから、拒否したり参加したり、自国の都合で変わります。ただＧＡＴＴ交渉の頃は、欧米がある程度手を握れば決着するという状況でした。今は、全く状況は違います。

なお、農地の利用に軸足を置いても、所有権の侵害にはあたらないと思います。基本的には所有権と利用権を分けて考えますが、その過程で、所有権を譲りたいということであれば、それはそれでいいのではないでしょうか。

――守りの農政から攻めの農政へという方向をもっと出していくべきではなかったでしょうか。未だに守りの農政のままです。仮に、今新しい基本法をつくることになったら、そのコンセプトはどんなものになると考えますか。

高木　基本法制定の頃でも、政治、行政そして農業団体には、基本的に輸出は念頭にありませんでした。誰も、米が過剰になったら輸出するというふうには考えていませんでした。援助、飼料・加工用、備蓄しか考えられなかった。仕組みとして、農業政策の中に輸出を位置づけなければいけないということで、積極的に検疫、関税、流通などのルールづくりに参加していかないと、結局は、輸出もうまくいかないでしょう。

今度、統一的に農水省でいろいろな取り組みができるようになったのも、そうした発想からだと思います。基本法に最初からきちんと位置づけていれば良かったと言われるかもしれませんが、基本法は政策の方向ですから、大きな方向以外はその時々の状況に応じてやっていけばいいのではないかと思います。もちろん、この先一〇年ぐらい経ったら、もっときちんと位置づけるべきだということになれば、改正したらいいのです。

しかし、基本法というのは基本理念を出して、政策の方向を決めているわけですから、その範囲でできることはどんどんやればいいのではないか。ほんとうに変えなければいけなくなったときには変えればいいと思っています。今後についても、今ある基本法が一つのベースとなっていいと思います。そうは言っても、実際に創造的破壊が戦後続いてきた政策トライアングルについておこなわれたとすれば、その段階で変えなければいけないと思います。それがいつになるかはわかりませんが、早いほうがいいでしょう。

―― 現場からでなければ創造的破壊はできないとおっしゃいますが、そうした状態になるまでにどのくらいの時間がかかるとみておられますか。今後、農家が減り、耕作放棄地も増えてくると思われますが、そうした動きに間に合うのでしょうか。

高木　私が各種団体と情報交換をしている中で触れている農業経営体の方々は、ある意味で、今の制度の枠からはみ出したこともどんどん取り入れてやっています。それが悪いとは、政治も行政も誰も言えません。従って、そうしたことが積み重なっていくと、変化につながってくる。たとえば六次産業化は、農業経営者としてはそこまで取り組まないと収益が出ないと考えた人たちはとっくの昔からやってきました。そうした事例が全国にいくつも出てくるようになると、それを政策として取り上げていくことができ、そうしてほとんどの政策ができてきたと思います。今、農福連携が大きく取り上げられていますが、私が知る限りでは、相当前から取り組んでいる方がいらっしゃいます。それは農林水産省のシステムではなく、厚生労働省の制度を使ってやっている。そういうものがある程度の広がりを見せてきて、それを政策として仕組んでいく。政策の実態というのはそういうものではないかと思います。行政が政策をつくってそれを実行したらうまくいくというものではない。

――現場から変えていくには、そうした意識を持っている層が一定の厚みをもつ必要がありますが、いつになったらそれだけの層ができるのでしょうか。

高木　今はまだ、そうした層は薄いですが、この二〇年を見ると、かなり変わりつつある。所得を見ても、一億円を超える経営体は珍しくなくなってきています。層という意味ではまだまだかもしれませんが、そこが担っている農業生産のシェアは確実に増えています。

――主業農家の農業所得は、五年前と比べて三〇%伸びているのは、どういう理由でしょうか。頑張って生産を伸ばしたのか、それとも農産物価格が上がったのか。生産力が低下したことで供給が下がり、その結果価格が上がって所得が増えたということも考えられます。実態として、所得が上がるところとそうでないところの二極分化が激しくなっていて、全体として国民に食料を安定的に供給する体制にはなっていないのではないでしょうか。

高木　農業所得の伸びには、農産物価格の上昇、経営効率の向上、六次産業化などによる付加価値の向上など、いろいろな要因が総合的に反映されているのだろうと思います。そういう意味では、農家経済の努力の結果だと見てもいいでしょう。しかし、それで食料供給力が不安のない状態になっているかというと、そうではない。その意味でも、もっと創造的破壊を進めなければいけないという思いを強くしています。

――平成一四年の生産調整研究会は挫折だったとおっしゃいましたが、再度の挑戦はどうしたのでしょうか。さらに、今後の農政はだれが引っ張っていくことになるのでしょうか。

高木　生産調整研究会のとき、私はすでに次官ではなく、民間人としてかかわったわけですが、研究会では、いろいろなチャンスを活かすためにはラージパッケージで議論し、中間とりまとめではある程度反映させました。しかしその後、対応方向では、それが宿題として出されたにもかかわらず、ゼロ回答だったわけです。それで、わたしはかなり挫折感を感じました。そのときの行政の方々では無理だったのでしょう。このときは、ＢＳＥ問題が炎上していましたので、農水省の中枢がほかの問題に集中することは困難でしたから、そういうことも影響していたのでしょう。

もちろん、だからといって是とするわけではありません。各部局で理解をもって対応すれば、ＢＳＥは全省的な問題ではありますが、それを直接的に担っていた部署以外はそれほど巻き込まれたわけではない。その後も、実現すべくいろいろとやってみましたが、政治の壁に跳ね返されたのが現実です。ただし、未だに諦めてはいません。

――「食料・農業・農村基本法」の当初の法案では、「国内の農業の生産を基本とし、これと輸入及び備蓄とを適切に組み合わせる」とありましたが、国会審議の過程で、「国内の農業生産の増大を図ることを基本とし」が加わっています。それについては、どのように受け止めておられるでしょうか。また、新政策で打ち出された、「効率的かつ安定的」については、矛盾した概念ではないかという議論もありましたが、どうお考えでしょうか。

高木　国会でそのように修正されました。もちろん法案を提出した立場としては無修正がベストですが、この言葉が入ったからといって、基本は何も変わらないというのが、その当時の私の意識でした。たしかに「増大」という言葉が入ったことによって、政治側の日本農業に対する思いがわかります。生産を増やしていこう、農家を奮い立たせるべきだという思いだったと思います。しかし、国内生産と備蓄と輸入という基本は変わらないという認識でした。効率的と安定的という言葉が新政策でも新基本法でも使われていますが、「効率的安定的」という言葉が一つの熟語として成立しました。私自身はそれらが矛盾するという議論はあまり聞いていません。それまで、さまざまな概念が出ていましたが、それをまとめたものだと受け止めていました。なお、創造的破壊を実現していくのを現場だけに任せるということではなく、効率的安定的経営体が太宗を占めるように環境整備をする過程では、戦後非常にうまくいった政策システムのトライアングルを大きく変えていかなければならなくなります。変わった後の農地の仕組み、農協の仕組み、そして米の仕組みはそれぞれそれなりの形として残っていくとは思います。ただし、今のままでは、効率的安定的な経営体を実現していくのは難しいのではないか。

――食料・農業・農村基本法では、それぞれを総合的に進めていくことがうたわれています。農村に関しては、中山間地での獣害が問題となっているように、農村の問題が置き去りにされているように思えます。農村振興については、どうお考えでしょうか。

高木　新政策、食料・農業・農村基本法では、農村での諸問題を解決すべくいろいろな政策をうっていくことになっています。農業や林業を核として、地域に住んでいる方々が諸問題を解決していくことが基本です。人がいて、農地がきちんと管理されていれば、イノシシも頻繁に下りてくることはないでしょう。そういう状況にないのが、現在の姿だと思います。これを一気に変えられるかというと、それはなかなか難しい。最も核になる農業の持続的発展がほんとうの意味で進まないと、人は住まない。逆に農村の振興だけをなんとかしようと思っても、なかなか難しい。やはり農業や林業がそこできちんと営まれるということ、それを営む主体がどうかということが大切だと思います。今の状態は、兼業農家や土地持ち非農家、高齢農家といった方々がどんどんリタイヤして、そのあとを効率的安定的な経営体だけで埋められないでいるのです。そこをどうするかがまさに地方創生ですが、それが功を奏しているかというとそうでもない面もある。もちろん農水省も工夫をして対応しているとは思いますが、国全体として政策をうつべきときがきていると思います。

――食糧法では、農家・農業団体が主体的に需給を判断して生産することとしています。しかし、交付金や備蓄米の買入など、政府はいまだに大きくかかわっています。やはり、需給の安定には国のかかわりは必要なのか、それとも介入せずに市場にまかせれば価格は落ち着いていくのか、どうお考えでしょうか。

高木　米は一年一作ですから、どうしても豊凶によって需給が大きく左右され、それによって価格が上下します。それをなんとかしようと、いろいろな手が打たれてきました。そのとき一番大事なのは、農業経営者が主体になり自分で判断することです。そのためには判断できる経営体でなければいけない。小規模な個別経営であれば、ある程度をまとめて集落営農として対応している所もあるようですし、農協が主体的に経営に携わっている所もあるようです。経営形態はさまざまあっていいのですが、米づくりをする経営体としてほんとうに経営判断ができる経営体でなければいけない。それは別に、集落営農でもいいし、農協が主導してもいいし、個人が法人化してもかまわない。勝手に生産していって需要がそれに追いつかなければ、供給過多になってしまう。そのような適切な判断ができないまま今まで来たのではないでしょうか。早く、そうした環境を整備していくことが必要だと思います。

―― 現実は、米づくりには多くの小規模農家が携わっていて、それらの意向によって需給が不安定になると思います。供給過剰で米価が下落しても、それは判断ができなかったからしょうがないということなのでしょうか。そこに、政治はかかわらないのでしょうか。

高木 そうした小規模な農家をまとめていくのが、農協だと思います。そういう意味では、農協が経営主体になるべきです。生産調整研究会や新政策での議論でもそうでしたが、無条件委託でなく買取りによって、農協もリスクを負い、農家も生産判断をすることが必要でしょう。農協はその役割ももっていると思っています。そして、情報はきちんと発信する必要があります。

―― 新しい基本法では、消費者にどんな役割が求められるのでしょう。

高木 消費者が関心を持っていることに対しての情報発信はあまりにも少ないのではないでしょうか。たとえば食料自給率もそうですし、棚田や環境についても同じです。もっと情報発信をしていかないと、消費者が考えるきっかけになりません。直接食べるものですので、表示の問題には非常に関心が高いのですが、その食品の原料がどのようにつくられているかについての関心はそうでもない。むしろ情報が不足しています。

――創造的破壊とおっしゃいますが、食糧法における国の基本指針自体も不要だとお考えですか、

高木　食糧法では基本指針として国が情報を提供することになっており、そこはきちんとするべきです。国に最も情報が集まるわけですから、それを分析して提供することは当然です。かつて、団体に情報委員会を組織して、そこを通じて国が分析した情報を農家団体まで情報が流れるシステムをつくったことはありました。しかし、なかなかうまく機能しませんでした。そうした情報提供をどうするのか、基本指針という形でするのか、あるいは違った形でするのかは検討すべきですが、いずれにしても情報提供は必要だと思います。

――基本政策審議会での議論が必ずしも反映されないという声も聞かれます。審議会のあり方そのものについては、どうお考えですか。

高木　たしかに、生源寺先生が会長のときは、いろいろな意味で審議会が機能不全に陥入ったように思います。農政の場合はいろいろな利害関係者がおりますので、制度・仕組みの変更が必要なときはどうしても官邸農政になってしまうのだろうと理解しています。従って、審議会のあり方も変えるべきかもしれません。

――国連では、ＳＤＧｓへの取り組みの推進とともに、家族農業経営の評価もおこなわれています。新たな基本法には、これらはどう盛り込まれるのでしょうか。

高木　家族農業経営については、農業の一つの経営形態として、新政策、新基本法においてもきちんと位置づけられています。ＳＤＧｓという言葉ではありませんが、そうした考え方そのものは、環境問題は基本法でも重要な位置づけがされています。そうしたものをベースにＳＤＧｓへの対応をしていくことは当然していかなければなりません。農業経営体自身も一定の経営規模になってくれれば、そういうことを実際に考慮した経営をしなければいけないと思っております。

――米の増産政策が諫早湾の干拓につながり、それは今でも尾を引いています。政策の方向によっては、それも見直されることになりますか。

高木　諫早湾の干拓が始まったとき、私は九州農政局におりました。そのころの干拓はすべて米の生産に向けられていました。中海、琵琶湖の大中湖、すべてが事業実施の段階では米から撤退し他の作物にしました。米の大規模経営を目指した大潟村では完成してから生産調整の問題が出てきて、たいへんなことが起こりました。諫早湾では、当初は米でしたが、時間の経過とともに作物については他の作物になりました。とくに長崎県は農地が少ないことから、どうしても農地にしたかったのではないかと思います。その結果、いろいろな問題が起こったことは事実であり、今も問題は継続しています。

（二〇一九・八・一九）

基本法で農業・農村はどう変わったのか

東京大学大学院農学生命科学研究科 教授　安藤　光義

ご紹介にあずかりました東京大学の安藤です。ここでは、とくに水田農業政策の状況と変化を踏まえた上で、センサスがどう変化したのかについてみていきたいと思います。

基本法の政策体系として、四つの政策理念がありますが、その関係性を整理してみます。そこにはいろいろ矛盾点があり、多面的機能と望ましい農業構造、あるいは農村政策と多面的機能では、矛盾・緊張関係があります。うまく機能すれば、四つの理念が手を携えてすべてが実現されるようになるわけですが、よく考えてみると、どうもそうではなさそうです。そこで、農業政策と農村政策の関係をもう一度考え直してみる必要があるだろうというのが、最初の私の問題提起です。

食料の安定供給、多面的機能の十分な発揮、農業の持続的な発展、農村の振興、この四つが政策理念として提起されています。昭和三六年（一九六一）につくられた旧農業基本法と比べると、政策理念と政策目的が多元化しています。荘林先生の言葉を借りれば、農政システムに異なる価値観、さらに潜在的なトレードオフ関係、相矛盾する関係というものを内包させることになったわけです。そういう視点から、しっかり政策を論じる必要があるということです。したがって高木元農水次官が前回の研究会で発言されていましたように、総合的視点が重要であり、政策を全体として把握して、その体系性をしっかりと検証する必要があるということになります。

農村振興の基本理念は、農業者を含めた地域住民の生活の場がキーワードであり、おのおのが持続的発展の基盤たる役割を果たし、多面的機能が適切かつ十分に発揮されるよう、生産条件の整備、生活環境の整備、福祉の向上をおこなっていかなければならないとしています。実際にそうなっているかどうかが、問われています。

農村の振興・活性化は必ずしも農林地の維持・確保にはつながりません。このことは、早くから指摘されていました。小田切先生が、一九九四年に、当時の政策文書をみて、次のように発言しています。「中山間地域の振興の方向は稲作からの脱却、農業からの脱却、この二つの政策的ベクトルの合成である」（月刊ＪＡ・第四七八号・一九九四年）中山間地域は条件が悪いことから、土地利用型の大規模経営は展開できず、そこで農業所得で生計を成り立たせようとすれば、それは土地利用型ではなく、施設型あるいは畜産のようなものにならざるをえません。稲作からの脱却を進めれば進めるほど、農業所得は上がり、農村振興は達成できるかもしれません。しかし、農地はあまり利用されず、耕作放棄地は増えて、多面的機能は喪失される可能性があります。これは九〇年代から指摘されていたことです。

それからさらにこの方向を推し進めて、農業から脱却して、例えば工場を誘致する、レジャー施設をつくるといったことによって農村を振興しようとしたわけですが、それによって農村を振興した結果として、多面的機能を確保できるかどうかとなると、それは全く危うい。こういう問題が、この四つの理念の間の関係にはあるということです。

農村政策と構造政策の一体化をどう整理する

「食料・農業・農村白書」でも、それが示されています。例えば、米の特化係数と農業産出額の減少度合いの関係を示した図は、米に特化すればするほど農業産出額が減る、つまり儲からないことを示しています。儲からない米はやめて別の物をつくりなさい、そうしないと農業経営は生き残れないということです。一方、水田率と農地保全のための活動状況の関係を示す図では、水田率の高い所、つまり先の図でいうと米からの脱却にあまり熱心ではない所ほど、実は農地を守るための活動がうまくいっているということが示されています。農水省としては、いったいどちらをとるのでしょうか。

異なる政策理念が互いに矛盾緊張関係をはらんで並立しているというのは、このような状況のことを指しているわけです。これを総合的にどういう方向にもっていくかが問われています。

望ましい農業構造を実現するための課題です。農村政策と構造政策は『八〇年代の基本方向』においてはほぼ一体化していたというのが私の理解ですが、それは現在、どうなっているのでしょう。私は、その関係が切れ始めてきているのではないかと思っています。しかし農村の現場、とくに中山間地域では両者をつなぐものとして、集落営農の設立が九〇年代後半から二〇〇〇年の中山間地域等直接支払い制度を契機に急速に進みました。従って、構造政策と農村施策を一体化して、中山間地域では集落営農の設立が進められてきたのですが、そこをあらためてどう整理するかが問われています。

また、認定農業者制度ですが、それぞれの市町村の基本構想を見ると、具体的に認定農業者にどのくらい農地を集積して、その結果としてどのように農地が利用され、どのくらいの農地が守られるのかという土地利用構想を示したものは皆無だと思います。そういう意味では、大規模経営が育ち、経営は伸びますが、面として見た場合の地域はどうなるのか。こういう視点が九二年の新政策には欠如していましたし、二〇〇〇年以降の新基本法でも欠如したままです。

九三年に農用地利用増進法の改正がありました。基本は個別経営体育成路線ですが、あわせて特定農業法人制度がつくられました。担い手がいない地域を対象に集落ぐるみ型の地域を守るために、集落営農の設立を促進する制度が用意されたということです。それに応じて、島根県、富山県、滋賀県などでは熱心に特定農業法人がつくられていきました。そこに二〇〇〇年の中山間地域等直接支払制度が加わり、集落協定による共同取り組みが一気に広がり、特定農業法人の設立が進みました。集落営農の法人化は進みましたが、その経営の内実をよく調査をしてみると、政策が想定するような他産業従事者並みの生涯賃金や農業所得を得ている農業専従者はいない法人がほとんどです。これはまさに構造政策を地域政策として、現場が換骨奪胎していた動きにほかなりません。

こうした動きが九〇年代後半から二〇〇〇年代前半にかけてかなり進んで行きます。現場では構造政策と農村政策を一体させて集落営農で乗り切ってきたと言えます。島根県は昔から、そうした方向を追求してきましたし、地域貢献型集落営農という新しい展開を図ってきました。こうした集落営農の取り組みも二〇年間が経ち、高齢化が進み、なかなか新しい動きが出てきにくいようですが、農村の現場では先進的な動きを生み出すことにつながりました。政策は集落営農の法人化を進めていますが、今一番大きな問題は後継者がいないことです。法人化したものの、次をどうするかという問題です。

食料の安定供給という政策理念には米政策が大きくかかわりますが、政策は生産調整を廃止しました。一方、米政策改革対応としての集落ビジョンづくりや品目横断的経営安定対策への対応としての集落営農の設立、それよりもはるかに前から、集落で話し合いをして集団的な農地利用調整を農協が中心となって熱心におこなってきました。この生産調整の縛りがなくなるということは、農業の持続的発展と関係すると考えられる農地の集団的利用調整も緩みますし、農村のまとまりや話し合いの場もだんだん失われてくることになるでしょう。新基本法が掲げた四つの理念すべてに米の生産調整はかかわってきます。

民主党政権のもとでは農協はずしがおこなわれましたが、やはり集落抜きには、農業構造は動きません。そこで「人・農地プラン」がつくられ、自公政権のもとでも、農地中間管理機構でまさに地元抜きの農地集積を進める体制がつくられましたが、結局、最終的には「人、農地プラン」の実質化というかたちで農村の現場を重視した形に舞い戻りました。ただ、失われた時間は長かった。一〇年近く経ってしまったので、もうこの軌道修正は間に合わないかもしれません。このまま朽ち果てていくのではないかという状況です。

いずれにしても、生産調整が廃止され、集落を束ねるような強制力が一つも無くなってしまえば、村人同士の集まりも多分無くなってしまうでしょう。円滑化事業も中間管理事業に集約されてしまいますので、農協系統の動きは当然しぼみます。代わりに農業員会系統が頑張らなくてはいけませんが、ほんとうに動いてくれるかどうかです。

農村とはなにか、それが問われている

稲作からの脱却、さらに農業からの脱却をしないといけない。しかし一方、とくに中山間地域で

は個別経営は成り立っていかないとすれば、そういった方向での農村振興と地域資源の保全管理との乖離が生じてきます。この問題は今でも続いています。農村政策を欠いた構造政策の突出は、さまざまな問題を引き起こしましたが、中山間地域ではそれを集落営農がうまく緩和してきましたが、総合的な戦略はいまだに見えません。さらに言うと、望ましい農業構造の実現と農業者を含めた地域住民の生活の場としての農村との整合性はどう考えたらいいのか。農村は単に農地が存在するだけの場、空間なのか。構造政策からみると、そのように捉えられてしまいますが、そうなると農村とは何か、それでいいのか、そうした農業構造をつくればすべてが解決するのか、そういう問題が改めて問われているのです。農村での暮らし方、農村像がしっかり見えないかぎり、いろいろな政策がおこなわれても、魂のない農村となってしまうのではないかと考えます。担い手がいなくて農地が守られない中で、もう一度、農村とは何かということを考え直す必要が出てきていると思っています

構造政策と水田政策は密接な関係にあり、規模要件の適用と選別政策の強化が農業構造に影響していきます。選別政策の開始は九二年の新政策だと考えられますが、それが水田農業政策の展開の中で強化されてきました。価格支持政策から直接支払いに転換していったことが、大規模経営の経営収支を見ていくとわかります。ただし直接支払いとは言っても、水田維持支払いとしての性格を転作助成金が強めた結果でして、大規模経営ほど転作助成金への依存度が高くなっているというこ

とです。そういう形での直接支払いへの転換が、ここ二〇年間の特徴です。

直接支払いの財政的余裕はない

予算から見ると、日本の食糧管理予算はずっと減少が続いてきました。これは直接支払いの原資がどんどんなくなってきたということです。ＥＵの共通農業政策における直接支払いでは、農業生産支持政策からの撤退による財政負担の軽減が進められていますが、日本よりもかなり遅れて進められてきました。日本は予算を吐き出し切ってしまって、財政的には直接支払いをする余裕はもうないでしょう。対してＥＵは、まだまだそのための原資が残されていたので、そうした政策の大転換が可能だったということです。

減反によって食管予算を大きく削ることができたので、農水省は大蔵省から感謝されたこともあったそうです。その代わりに公共事業関係の予算が増えていきます。米関係の予算は減っていきますので、戸別補償を実施するときには、土地改良事業の予算を持ってこないとどうにもならない状況でした。生産調整関連の予算は、昭和五〇年代の水田利用再編対策のときは、麦・大豆・飼料作物の集団的利用調整が農協と一緒に旗振りをした結果、ずいぶんと定着して、三〇〇〇億円を超える実績を上げるようにもなります。

しかし、その後は削られて、生産調整の予算は無くなってしまう。当時の米関係予算はおよそ三〇〇〇億円が上限だと言われていました。その後さらに予算が減少していく。一方で、生産調整の面積は増えていきますので、生産調整面積一〇アール当たりに支払われている予算はどんどん減っていきます。わずかな予算で相当無理をして、農村の現場を締め付けてきたことがわかります。それも限界にきていました。

そうした状況の日本に対して、ＥＵでは九二年のマクシャリー改革以降、共通農業政策改革で価格支持政策を廃止する方向に大きく舵を切ります。生産過剰の農産物に輸出補助金をつけて処理をするということもおこなわなくなります。そうして捻出された予算を使って、支持価格を下げた分を直接支払いとして補償することにしました。国際穀物価格の上昇もあって、その政策がうまく定着します。その結果、それまでうなぎ上りに上っていたＥＵの共通農業政策の予算は頭打ちとなります。この過去に膨らんだ予算を、環境支払いなどの名目を付け、農村政策を立ち上げるなどして何とか減らないように何とか維持してきているのがＥＵの現在です。

これを日本に置き換えてみると、昭和四五年（一九七〇）には莫大な食管予算があったときに直接支払いに転換したことになると思います。それだけの予算があって、それを後生大事に守りながら、その予算を環境支払い等に置き換えつつ、納税者の理解を得ながら農業関係予算を維持してきているのがＥＵです。日本はそのお金を既に吐き出してしまっています。したがって直接支払いを導入するといっても、ＥＵは新しく予算をとってきたわけではなく、それまであった予算を付け替えただけです。それに対して日本の農水省には直接支払いのための予算がもうないということです。従って、財政的に安上がりの農政を追求していかざるを得ません。無駄なお金はどんどん削ってきた結果、直接支払い実施のための財源はもうないというのが、財政当局の正直なところでしょう。

まとめましょう。かつてＥＵは農業保護政策をずっとおこなってきて、過剰な農産物に輸出補助金をつけて、海外にその矛盾を押し付け、そうして予算規模を拡大させてきました。そこで改革があって、その予算原資を直接支払いに振り替え、その直接支払いを維持するためにグリーニング、環境要件を強化してきたのです。つまり日本とＥＵの農業保護は、まったく異なる歴史的な文脈となっており、ＥＵと同様の政策の導入は難しいと言えます。予算の面から見るとそれは明らかです。そうした予算制約の中で苦闘を続けてきたのが、日本の水田農業政策だったのです。それは二〇〇〇年以降の改革においても継続します。

挫折したムギ・ダイズの本作化

新しい基本法がスタートしたときには、食料自給率の向上、麦・大豆の本作化、生産調整の立て直しがおこなわれ、水田農業確立対策が用意されました。一〇㌃当たりの助成金がかなり引き上げられました。そうしたなか、担い手の選別政策が少しずつ始まります。団地型に加えて、土地利用集積型というコースを新たにつくることで、大規模な個別経営の展開も認める形で、生産調整水田の担い手への集積を進めていく政策をつくりました。転作水田の担い手への集積化を図っていくことで、麦・大豆も拡大し、構造政策も進めていくことがおこなわれました。こうしたことが、二〇〇〇年代前半に実施されていたのです。計画調整の補助金を受給している水田農地は増加し、五ヘクタール以上層に転作水田の集積が進みました。

この時期の構造政策は、生産調整に積極的な大規模経営への転作水田の集積を先行させて規模拡大を実現し、下落した米価は担い手経営安定対策で支え、その間に生産調整に参加しない小規模農家の脱落を待つということだったと思います。実際に、麦・大豆の作付面積は拡大していますし、当然に自給率は向上することになります。しかし、この政策には予算が歯止めをかけることになりました。米価の下落に対する基準価格の政治的な引き上げで、転作補助金のお金がなくなってしまったのです。そうして、米生産関係の農水省内の予算の上限に達してしまい、改革に着手せざるをなくなったのです。これが、米政策改革の一つの引き金だったといえるでしょう。私は政策が悪いわけではなく、予算がなかったのが原因だったと思います。実際に、生産調整を実施している理由を聞くと、助成金があるから、自分の転換に必要だから、とする回答が大規模経営から多く聞かれました。生産調整水田を集積しながら拡大するという動きは、当時はまだありました。

しかし、財政制約から麦・大豆の本作化が取りやめとなります。農林予算が二三〇〇億円減少する一方で、生産調整関連予算が七〇〇億円増加した結果、生産調整関連以外の予算は三〇〇〇億円減少し、省内に予算配分上の問題が生じたため改革が求められたわけです。私は、麦・大豆の本作化が進むことで、構造改革も進み自給率も上がると考えていましたが、そうはなりませんでした。

自給率を上げられなかったわけ

産地づくり交付金は、各産地の使途の自由度を高めたという点で評価できる面もありますが、私の評価は少し違います。生産調整の勝ち組と負け組を固定したことから、その結果として生産調整は長続きせず、どこかで堤防に穴が開き、崩壊して、米価は下落すると見ていました。一〇アール当たりの生産調整予算を削ったわけですから、当然、生産調整の実効性は低下し、米価下落に拍車をかけることになります。

例えば、生産調整水田一〇アール当たりの産地づくり交付金をみると、これまで生産調整に熱心に取り組んで実績をあげてきた県は大きくなります。佐賀県や北海道ではかなり高い水準ですが、千葉県は非常に低い。これは、麦・大豆を増やしたら一〇アール当たりに支払う産地づくり交付金は少なくなってしまうということです。これでは麦・大豆の生産振興に歯止めをかけてしまいます。当然、自給率が上がるわけがありません。米政策改革では、自給率が上がらない政策を最初からやってきたわけです。その理由は、予算がなかったからです。転作水田を担い手に集積して、構造変動を進めつつ自給率の向上を進めてきた、そうしたバランスのとれた政策が、予算の制約によってはじめられた米政策改革で壊れてきたということなのです。作況指数が一〇〇を切る年度が多かったにもかかわらず、千葉や茨城といったもともと生産調整に積極的でなかった所から堤防に穴が開いて、壊れていった。生産調整がほころび、当然米価は下がってきます。これが続くわけです。

そして、品目横断的経営対策が登場しますが、これが規模要件の最たるものです。米改革でも、米価が下落した場合の措置に対しては規模要件がありましたが、品目横断的経営対策では、それを転作作物にも適用する形になりました。

選別政策が本格的に実施されたわけです。都府県四㌶以上、北海道一〇㌶以上、集落営農二〇㌶以上、そして経理の一元化、将来の法人化を条件として、ナラシとゲタが用意されました。ただし、この背景にはＷＴＯ交渉が妥結するのではないかという切迫した事情がありました。ＥＵはフィシュラー改革をおこなって、生産と切り離す形で直接支払い制度を整えていました。日本も生産と切り離し、生産を刺激しないような政策をとることが求められていました。ですから、生産刺激的ではない添削助成金の支給となりますので、自給率が上がるわけがありません。

そうした政策環境の中で、品目横断的対策は登場しました。規模要件を掲げたため、集落営農が急増しました。その結果が、二〇一〇年センサスの動きにも反映されることになります。東北、関東・東山、四国、九州など、これまであまり集落営農がつくられなかった所で、集落営農が急速に形成されていきました。

なお、生産調整政策では、産地づくり交付金がそのまま維持されました。そのため水田の転作面積は増加しません。従って、米価下落に歯止めはかかりませんでした。最終的に自公政権は追い込まれ、民主党が掲げる戸別所得補償制度への期待が高まって、それに転換していきます。

この制度は、米での転作による生産調整の推進を図ったものだと言えます。従来の転作助成金は生産調整の実施と切り離した直接支払いとなりました。また、生産調整の実施を条件とした直接支払いに加えて不足払いも導入されました。これについては、農業構造の固定化につながるのではないかという議論がずいぶんありました。一万五〇〇〇円の前渡金が地代になってしまうのではないか、あるいは、農業をやめる人が減って構造変動にブレーキをかけるのではないかという問題提起です。戸別所得補償が実施された期間は二〇一〇年から二〇一五年の間ですから、二〇一五年センサスにその影響がでるはずです。もし、農業下支え効果があったとすれば、縮小再編にはなっていないのですが、そのようなお金を投入しても、実際には縮小再編になっていたのです。既にこの時点で日本農業の潜在的成長力は相当に衰えていたということなのです。

戸別所得補償は米価にも影響を与えました。戸別所得補償で支払われた一万五〇〇〇円が担い手農家の懐に入るのか地主に入るのかという議論がありました。最終的に、二〇一〇年産の米価は暴落します。そのように米が余っているときにそのような政策をおこなえば、足元を見られて買いたたかれて米価は下がります。結果として、戸別所得補償のお金は米卸あるいは量販店の懐に入ったということになりました。下落した米価もその後、原発事故の影響で持ち直します。需給の変化を見ると、麦・大豆の転作面積はそれなりにありますが、増えてはいません。米への転作が大きく進んだことによって需給関係が締まりました。その結果、米価は回復していきます。この傾向は、政権交代後の今も進んでいて、飼料用米の拡大が進みました。ただし、近年は伸び悩んでいるようですが。

このように、米政策は大きく変わってきました。高木元次官の言葉を借りれば、「米政策は農政そのもの」です。そうした政策の変化がセンサスにも反映されているはずです。

大規模経営ほど転作助成金の依存度が上昇

二〇一四年産米価は下落し、大きな問題になりました。生産調整は廃止されましたが、二〇一八年産については、西日本ではもうつくる力はなく、東日本と北海道は天候不順のため、全体的に出来が悪く、米価は落ち着いた出足となりましたが、今後どうなるかという感じだと思います。

水田農業政策が農業経営体に与えた影響についてみましょう。大規模経営ほど補助金や奨励金が収入に占める割合が高くなっているのがわかります。個別農家全体の全収入に占める補助金の割合をみると、二〇〇〇年に始まった水田農業経営確立対策によって、大規模経営ほど高くなっています。大規模経営ほど、麦・大豆の拡大が進んだことが、ここに表れています。とくに、生産調整の体制を崩さないために二〇〇〇年以降築いてきた集落営農などの大規模経営での転作助成金依存度が高くなるわけです。また、二〇一〇年の戸別所得補償で、米価の下落もあって、全体的に補助金依存度を全階層にわたって引き上げることになりました。それでも、大規模経営のほうがはるかに補助金依存度が高くなっています。こういう傾向が定着していくわけです。

経営に占める補助金の割合が二〇〇七年を境に、任意組織の集落営農では二〇％台から三〇％台に上がっています。これは品目横断的対策の影響です。二〇一〇年には三〇％台だったのが四〇％台に急増していきます。法人化した集落営農も、割合はやや低いものの、補助金の占める割合は三〇％台になります。補助金等がなければ、経営は赤字になるということが定着していくのです。規模別に見ると、大規模な集落営農ほど転作のための組織という性格が強くなるので、補助金依存度は高くなります。所得の確保を目指していくような企業的な法人経営では、集落営農が法人化した組織に比べれば低いものの、それでも補助金依存度は三〇％くらいになっている状況です。

従って、こうした生産調整のお金が切られれば、とくに麦・大豆への補助金が切られるようなことになれば、大きな問題が担い手層を中心に生じることになっています。そして、そのことは水田が荒れることを意味しています。生産調整助成金は水田維持のための直接支払いとして、実質上機能していると言えます。たとえば愛知県の二〇〇～三〇〇㌶規模の法人は、どんどん規模拡大はしますが、麦での拡大をおこなっているようです。政策の変化によって補助金依存度に若干の変化はあるものの、作付面積の六割で直接支払い受給しています。補助金によって経営が支えられているというのが大規模経営の現状なのです。この北陸の集落営農は、もともと水稲でスタートしたものの、米価下落に対応して大豆や大麦を導入しており、転作助成金への依存度を高めています。一〇《アール》当たりの金額をみると、かなりの金額になっています。

二〇年間の水田農業政策において共通しているのは、途中政権交代がありましたが、大規模経営ほど転作関係の助成金への依存度を高め、その面積は拡大してきているということです。転作助成金の水田維持支払い化とその依存度の上昇が、政策が変わるごとに高まってきています。今後、米価が下落すると、大規模経営はたいへんなことになると予想されますが、今までのところ米価は落ち着いているようです。

予算がすべてのカギを握っている

二〇一〇年および二〇一五年センサスの分析をしていきます。二〇〇五年センサスの分析をおこなった小田切先生によると、二〇〇五年センサスまではあまり大きな変化はなく、「日本農業の変貌の踊り場」にあるということでした。しかし、二〇一〇年、二〇一五年はかなり大きな変化を見ることができます。二〇一〇年の結果には品目横断的経営安定対策の影響があり、二〇一五年の結果には戸別所得補償制度の影響が出ていると考えられます。二〇一〇年センサスについては明るい面もありました。後退と構造再編という二つの面がありましたが、これは、集落営農の急増によって実現されたものです。二〇一五年センサスでは、本格的な縮小再編過程に入ってきたことが示されます。戸別所得補償が家族経営の下支えとして十分機能することはなく、農地面積は減少に転じてしまいましたし、地域間格差も拡大しています。構造変動が進んで担い手に集積しているところはそれがさらに進んで望ましい農業構造が実現しているのですが、取り残されている所はますます取り残されてきています。

しかし、若い経営者がやや増加に転じたのは明るい兆しと言えるでしょう。だが、新規就農のための予算が削られてしまったようですので、それもどうなるかわかりません。結局、予算がすべての鍵を握っています。いい政策だから効果をあげているのではなく、たとえいい政策であったとしても、それを支える十分な予算がないとどうにもならないということなのです。また、山間地域の農業集落は、集落営農も主業農家もいない割合が五割を超えています。こういう状況はさらに悪化していっています。

二〇一〇年センサスに戻りましょう。このセンサスは崩壊と構造再編の進行の両面を見せてくれました。販売農家が減少し、男子兼業農家も減少し、農家数と農業労働力が減少し、労働力の高齢化は止らない。専業農家でもとくに男子生産年齢のある農家の減り方が鈍ってきていたのは、明るい兆しではありましたが、全体として見ると、農家数の減少は否めません。

そして、農業就業人口も基幹的農業従事者数も減少が続いています。農業就業人口の約半分が七〇歳以上で、基幹的農業従事者の三割以上が七五歳以上です。そういう点では二〇一〇年センサスでも相変わらず、危機的状況は続いていました。その中で農業経営体の経営耕地面積の減少率が九％前後と急速に下がりました。農家数と農業労働力は大きく減ったものの、農地面積が微減となったことは、残った人たちへの農地集積が進み、構造再編が進展したと言えると思います。それは、借入耕地面積が大きく増加したことによります。とくに二〇〇五年～二〇一〇年にかけて、顕著な増加が見られました。都府県の水田の借入面積の増加は著しいものでした。

そうした二〇一〇年センサスが見せる現象の要因を探っていくと、次のようなことがわかります。家族経営体の減少率と借地面積の増加率および組織経営体への集積率の関係をみると、相関関係が非常に高い。農家が減った所ほど農地の流動化が進み、そういう所では集落営農と思われる組織経営体への集積率が高まっているということです。農家がやめて集落営農ができたことが、こうした構造変動の大きな要因だったと言えるでしょう。販売農家の減少率と土地持ち非農家の増加率は対応していますが、たとえば佐賀県を見ると、販売農家が四割減っています。これは形だけの集落営農ができていて、それをセンサスが把握した結果だと思われます。構造変動が進んだことは確かですが、それを過剰に評価してはいけないということです。

東北、北陸、北九州で、構造が大きく動いたことになりますが、集落営農の設立状況をみても、二〇一〇年と二〇一一年が大きく増えており、それが反映していると見られます。現時点でみると、とくに中山間地域等でつくられた集落営農については、法人化は進んだものの後継者がいなくてどうにもならない状況です。ですから、法人化はゴールではありません。集落営農は法人化すればうまくいくと思っていたら大間違いで、法人化した集落営農はこれからどんどん潰れていきます。それが潰れないようにどう支えるかが課題になってきます。二〇〇五年までの集落営農の設立はある意味で自然な流れでした。

農林水産政策研究所の橋詰先生の分析によると、都道府県別に二〇〇五年までの農地集積の状況を見ると、たとえば秋田、山形、北九州といった個別経営地帯だった所に急速に集落営農ができてきたことがわかります。それが構造変動につながっているわけです。政策が構造変動、センサスの結果に影響を与えたと言えるでしょう。

中山間地域には主業農家も集落営農もない

九〇年代から、中山間地域や兼業農家地帯では地域の農地を守るための集落営農の設立が進んできました。二〇〇〇年の中山間地域等直接支払制度によって、さらにそれが進められました。自生的・内発的な集落営農の展開だったわけです。それが、二〇〇七年の品目横断的経営安定対策によって、政策対応型の集落営農が急速に設立されるようになりました。やがては個別農家も高齢化して集落営農に頼らざるをえない状況に進んでくるわけですが、これはそうした変化の先取りとも言えます。それだけに集落営農の内実がどう変化したのかをしっかり調べる必要があります。

構造変動については、この頃から地域差がかなり開いていました。たとえば規模階層ごとに農地の集積状況を見ると、東北、北陸では総じて高く、東海では大規模になるほど集積率は上がってきます。これに対して山陽、四国では、たとえば三㌶以上では二・六％、五㌶以上でも一〇％でしかありません。平地農業地域と中山間地域とでは、さらに大きな差が存在しています。平地農業地域では条件が悪いと言われる所でも、一定程度構造再編は進んでいますが、中山間地域では大規模経営への農地集積はまったく進んでいません。

中山間地域では、主業農家も集落営農もない農業集落が非常に高い割合で存在しています。とくに山間地域では五二・二％の農業集落で主業農家も集落営農もいません。こうした地域で構造政策を進めることは現実的ではありません。二〇一〇年の時点ですでに農地を引き継ぐべき担い手がいない中で、いくらアクセルを踏んだところで構造再編は進みようがありません。直接支払制度を主軸に据えつつ、もう少し別の政策目標を掲げるべきでしたが、それもなされず一〇年が経過してしまいました。

日本農業は縮小再編の時代に入るのか

日本農業の到達点を、二〇一五年センサスから見てみます。もっとも二〇二〇年センサスが来年二月におこなわれるので、今から五年前時点での到達点ではあります。二〇一〇年センサスが把握したのは、政策対応型集落営農の急増でした。私の予想では、二〇一〇年センサスで政策による影響を先取りしてしまったため、農業経営体数はあまり減らず、構造再編の動きも鈍いだろうというものでした。しかし、農業経営体数の減少は止まりませんでした。集落営農をつくったから農家数が減るというのではなく、農家自体が減り続けているのです。経営耕地の減少ペースもとに戻りました。これらは戸別所得補償制度が実施されている中での現象であることから、日本農業が本格的に縮小再編に突入したと言わざるを得ません。

労働力はすべて減少の度合いを増しており、基幹的農業従事者の減少ペースもとくに都府県では上昇しています。大規模経営への農地集積は進んではいるものの、その増加割合のポイントは以前に比べ下がっていることから、担い手へに八割の農地を集積するという目標はほとんど不可能に近いでしょう。そして、農地集積が進む地域と停滞する地域の分化が進んでいます。二〇一〇年〜一五年と二〇〇五年〜一〇年の農業経営体数の減少率を見ると、以前より今回のほうが、減少率が高い都府県が多くなっています。ということは、戸別所得補償の効果はなかった。この程度のお金の問題ではないのです。高齢化が進んでいて多少のお金があっても後継者を確保することにはつながらなかったということです。

こうした状況は深刻です。投下労働力規模でみると、中堅〜上層の家族経営が大きく減少していることがわかります。年間二二五日働く労働力が二～四人というのは家族経営の中核層ですが、その減り方が激しいということは、およそ農業構造の固定化などという状況ではありません。

大規模経営の増加ペースも大きく減少しました。都府県では二〇一〇年から一五年にかけて大きく下がっています。北海道で増加したのは一〇〇㌶以上層のみにすぎません。その意味では、北海道ではすでに構造政策は不要で、むしろいかにして農家を残すかが課題になっていると思われます。都府県の構造変動の先進地でも同じような状況を迎えつつあるのです。

農地集積が進む地域と停滞する地域の分化は一層進んでいます。都道府県別規模別の農地集積率を見ると、五〇％を超えている都府県、あるいは三〇％を超えている都府県を見ると、非常に心もとない状況です。五㌶以上への農地集積が三割未満なのは一七都府県、四割未満は二九県であり、こうした所を引き上げないと、八割の農地集積の目標は実現できません。ますます、地域差は開いており、平地は高く中山間地域は低い。そうした遅れている地域の集積率を上げようとしても、農地を借りる人がいないわけですから、それは難しい。二〇一〇年時点での農地の担い手への集積率と二〇一〇年～二〇一五年の大規模層（二〇㌶以上層）への農地集積率の増加率を見ると、集積率が高かった都府県ほど、つまり農業構造再編がうまくいっている都府県ほどさらに集積が進んでいて、集積率が低い都府県では伸びていないということがわかります。また、経営耕地面積の減少率を都府県別に見ても、各都府県で前回より増えています。

農業経営体数が減少しても、農地面積が維持されていれば担い手に農地が継がれているわけですが、そうはなっていないのです。今は、農業経営体数が減ると同じように経営耕地も減ってしまっています。農業経営体の減少率と増加借地面積率を見ると、以前は、農業経営体数が減れば借地面積は増えていましたが、今はそうではありません。二〇一〇年までは、まだ明るい兆しがいくらか見られましたが、二〇一五年になると、どの数字を見ても明るいものはありません。

雇用は単なる量でなく質の時代へ

地域によって構造再編のスピードは違いますが、農地流動化が大きく進展している地域あるいは集落営農の頑張りで大きく農地流動化が進んでいる地域とそうでない地域があります。集落営農から個別経営に変わったことも見てとれます。東北は二〇〇五年～一〇年の主役は集落営農でしたが、二〇一〇年～一五年になると、個別経営への集積に大きく変わってきています。市町村別に見ると、同じ都府県の中でもそうした違いが見えてきます。それぞれの地域がもともともっていた固有の状況を踏まえた政策展開を進めていく必要があると思います。

全体的には高齢化が進んでいますが、その中でもとくに若年層については新たな動きが見られます。男性については、三〇歳～四四歳層の絶対数が減る中でも割合は増えています。とくに男性の三〇歳～三九歳層では、減少率がマイナスですので、絶対数が増えていることになります。比較的若い人たちが農業に戻って来ている傾向が、二〇一〇年～一五年に見られます。この次の五年間でどうなっているかが気になるところです。

また、同居農業後継者が減少していて、専業農家ほど配偶者がいないという傾向が気がかりです。販売農家の同居後継者確保率は三割に低下し、農家としての存続は非常に厳しい状況にあります。専業農家で同居している農業後継者の割合は四五％であり、家族経営としての存続に大きな不安が残ります。ただし、若い経営者の意識は変わってきていて、農業を職業として選択してきており、この難局に前向きに取り組んでいると思います。三〇歳未満の農業経営者がわずかですが純増していて、三〇代前半の減少率も大きく低下しており、二五〇日以上農業に従事する割合も増加しています。家の仕事だから手伝っているというのではなくて、やはり職業として選択して農業経営者になっていく方々が増えてきているようです。

そうした若い農業経営者は自分以外の農業雇用を増やしています。投下労働規模の大きい経営ほど若手を起用して、経営を拡大しています。二四歳以下で見ると、基幹的農業従事者数を常雇数が上回っています。問題は、人を雇った農業経営者たちが将来展望をもって雇用を継続していけるかどうかです。まだ点的な存在ではありますが、こうした活力のある若い経営者や伸び盛りの大規模雇用型経営者に、それなりの道筋を示すことが重要です。そして、雇用されている人たちの将来設計ができるようにしてあげることが大切です。そのことが雇用者の定着率の増加につながります。

雇用が単なる量ではなくて質の時代に転換していると言えると思います。

主業農家も集落営農もない農業集落が、山間農業地域の五四・四％、中間農業地域では三九・九％あります。それに対して条件の良い平場地域では大規模経営が麦・大豆等も作りながら経営を展開しています。一方、山間農業地域の集落に農地の二三・三％が存在しているのです。しかし肝心の集落営農も当事者意識を失っているところが出てきており、農地を預けたらそれで終わりとなって、集落営農が解体する状況が出てきています。

また、大規模経営の脆弱性も指摘されます。後継者不在では、経営は存続しません。農地は集めたものの後継者がいないので、経営をやめようとしても農地を返せないということも起こっています。今ある大規模農家が集積した農地を誰が引き受けるかは、現場での切実な課題となっています。そうした問題が、二〇二〇年センサスではいくつかの市町村では出てくるかもしれません。前にお話ししましたように、集落営農であっても後継者の確保は困難になっています。

かつては、ムラが個々の経営を支えてくれていましたが、そのムラ自体が立ちいかなくなると、集落営農ももたず、法人化してもどうにも立ち行かないということになります。そのため集落外、さらに地区外から人を求めて、後継者とする例が、秋田県などでも出始めています。

二〇一五年センサスは、日本農業が明らかに縮小再編にあるということを示しています。ただし、縮小している地域もあれば、再編が進む地域もあり、全体として見てどうなっていくかは、今の大規模経営の経営継承の成否がその鍵を握っていると思います。とくに平場地域で今の大規模経営が軒並み倒れていくような事態になったとしたら、日本の農業は全面崩壊となってしまいます。そこを崩れないようにしたうえで、中山間地域については別途、単なる構造政策ではない農村政策を考えていく必要がある。担い手の存在状況からすると、二〇二〇年センサスでは、なんとかぎりぎりもちこたえているような状況が示されるのではないかと思っています。しかし、次の二〇二五年のときは、大規模経営が農地を維持できずに放出してしまうような事態が統計として把握できるような状況が生まれてくるかもしれません。

（あんどう　みつよし）

〈質　疑〉

——センサスに表れた構造変動は、食料・農業・農村基本法そのものに問題があったか、それとも基本法の理念が活かされなかったからなのでしょうか。また、これまでの見られてきた構造変化は一定のところで落ち着くのでしょうか。

安藤　基本法に基づいておこなわれた構造政策は、「ない」に等しいと思います。農地中間管理機構が登場しましたが、基本的には一九九二年の新政策における認定農業者制度が続いていたと考えていいと思います。少し話がそれますが、基本法が最初に掲げた理念はある段階からなくなっていたのでないでしょうか。少なくても食料自給率の向上という点については、予算の制約によって麦・大豆の本作化をやめたことで、一時的にはなくなったといっていい。現在の飼料米が自給率向上に多少は貢献しているかもしれませんが、その程度であり、結局、お金がすべてを決めてきた。そういう中で右往左往してきたのが農政だったのだろうと思います。

しかし水田農業政策については、着実に規模要件を強めてきて、それなりに担い手が絞り込まれて、構造再編は進んできました。ただ、政策が介入したからといって、簡単に構造は動きませんし、構造を変えるためには一〇年、二〇年の期間で考える必要があります。今足りないのが若い経営者だとすれば、将来展望が保証されるような道筋を示してあげないと、職業選択として農業に入って来られない。そうした点が問われているのだと思います。また、人口動態を見ればある程度はわかるものの、農家の減少がいったいどこで止まるかは、よくわかりません。

今、農村で新しい暮らし方をしようという動きが広まっています。絶対的な数を増やすまでにはいきませんが、そういう人たちが動いていくことによって農村の集落の質が変わってくれば、それなりの展望が将来的には開けるのではないかと期待します。もっとも、統計量で把握したかぎりでは、なかなか農村地域の人口は増えてはません。それどころか、逆に首都圏の人口集中は進んでいます。

――大規模経営はこれからも助成金がなければ経営は成り立っていかず、それだけの財源が必要になるはずです、そうしたなかで農村政策にどれだけの予算が回せるのでしょうか。また、後継者がいなくて撤退する大規模経営の農地は誰が担っていけばいいとお考えですか。

安藤　日本の農業政策は、戦前から、ある意味ではムラに頼ってきたといえると思います。生産調整もすべてムラに頼ってやってきました。ムラを使うことによって、行政の執行コストを下げることもできたし、ムラの力を使って地域の活性化を図ろうとしてきました。中山間地域等直接支払い制度は、小田切先生の言葉を借りれば、二兎を追う政策だったのです。集落協定によって農地・地域資源を保全するのと同時に、共同取り組み活動のための予算を捻出して直売所などを立ち上げて地域振興を図るものでした。そういう意味では、農村の内発的発展を支援するような制度でした。

これに対して、農地・水プランはやることが決まっているため自由度がなく、単なる地域資源管理のためのお金を流すものでした。その問題はともかく、中山間地域等直接支払い制度は、地域資源管理のために必要不可欠のものになり、地域コミュニティの活性化に役立っているのですが、この二〇年の間にそうしたムラが衰えてしまったことが決定的に大きいです。それを、広域連合をつくっていくら再現しようとしても、なかなかムラに活力は戻ってきません。それが今の状況ではないかと思います。

そうすると、直接支払いのお金も地域資源管理のためだけに使われることになり、いわば対症療法的に輸血をし続けていることになってしまう。九〇年代後半にはまだまだ活力があったムラも、その衰えを隠すことはできなくなってしまいました。思い切って、農地を守っても人々の暮らしはよくならないのだとすれば、農地の保全にはお金を出さず、地域の暮らしを支えるための集落交付金に一気に転換することも考えられるでしょう。

しかし、いきなり今の直接支払いのお金をなくしてしまって、そうした交付金に切り替えるとなると、おそらくムラは大きく動揺しますので、その時期は慎重に判断する必要があります。目指すべきはムラの自立支援を促進する政策ですが、これまでの政策はセットでそれがうまく組み込まれ、機能するように仕組まれていて、それが集落営農の設立や事業の多角化につながっていったわけです。そうした力がムラから失われている今の状況では、ムラを前提としない農村政策を考えていかなければならないかもしれません。人口減少社会の下、農村地域ではまばらに人が住んでいることを前提に、コミュニティをどうつくっていくかを考えていかなければならないでしょう。今はそういう転換点にあるのかもしれません。この考えは「農村たたみ論」といわれるかもしれませんが、プランBとして真剣に考えておかなければならない状況にきているのではないかと思います。

大規模経営が脱落していくという状況はかなり深刻です。九〇年代後半の段階で、滋賀県湖北町ではすでに問題が出ていました。経営者が病気や事故に遭ったとき農地をどうするかという問題でした。そこで、お互いに助け合う組織をつくりました。担い手が組織化され、そこが窓口となって、農地を仲介することがおこなわれていました。従って、担い手間の連携を強化することが、そうした農地を守る対策になりうると思います。ただし、一匹狼として地域の農地を担ってきた人が倒れた場合はたいへんなことになります。たとえば栃木県の施設園芸地帯では、担い手はたくさんいるのですが、自分の農地を守るのが精いっぱいで、土地利用型の経営者が倒れたときにその農地を処分するのに相当な時間がかかりました。そういう問題がこれからたくさん出てくるでしょう。以前は、面積もそれほど大きくはなかったので、みんなで分け合うことでなんとかなりましたが、どうにもならないような状況が生まれてくる。

その対策としては、ＪＡ出資型法人を立ち上げ、赤字覚悟で農地を保全していくことです。九〇年代に、農地保有合理化事業によって市町村公社がずいぶんつくられましたが、赤字を抱えてなくなってしまいました。農地を管理するにはお金がかかりますが、組合員のため、地域を守るためにそうした決断をした農協も出てきています。そうした動きがどれだけ広がるかです。二〇二〇年センサスでこの問題は見えてくるかもしれません。

――農業経営体が減っているにもかかわらず、それが農地の集積につながらないのは、主にどんな要因によるのでしょうか。やはり、後継者不足や大規模経営が補助金依存の高さから規模拡大に慎重になっているからなのでしょうか。

安藤　後継者がいない、あるいは拡大してもやっていけるか自信がないという経営判断があると思います。あるいは、条件が良い所は引き受けるが、条件の悪い所は返していくという動きになっていくと思われます。そうすると、農地はどんどん出てくるけど、条件の良い所しか耕作してくれないという状況になってくる。そうした地域での動きが、統計数字として表れているとみられます。大規模経営について考える場合、家族経営と雇用型経営の間には、大きな壁があると思います。家族経営の目標規模は、九二年の新政策の段階では一〇～二〇㌶でした。今ではもっと大きくなっていて、四〇～五〇㌶くらいになっていると思われます。

しかし、さらに規模を拡大するとなると雇用を入れなければなりません。そのハードルはかなり高く、相当な経営改善が必要になってきます。人を雇うのはすごく勇気がいることで、そこまでしないかもしれませんし、人を雇ったからといって思うように働いてくれるとはかぎりません。面積を拡大すれば、本来は利益は増えるはずですが、人件費を払うと手元には何も残らないという状況もありえます。雇用型経営になって人を増やして規模拡大をして何かいいことがあるかというと、労務管理の問題を含めたいへんです。なかなか農地の集積が進まない背景には、そのような実情があるのではないでしょうか。

――日本の農業政策は戦前からムラに頼ってきたとおっしゃいましたが、旧基本法が間違っていたということになるのでしょうか。

安藤　戦前に遡ると、農家小組合をつくって新品種の普及や機械の導入を進めたり、昭和恐慌期には産業組合を基礎に農村経済更生運動を展開したりしてきました。ムラをベースに日本の農業は動いてきました。生産調整をみると、それが今でも続いてきていると感じられます。しかし、それがもたなくなりました。農業政策あるいは農村政策を現場レベルで執行する仕組みをどう立て直していくか。予算が減らされ職員も少なくなった市町村や広域合併が進んだ農協もあてになりません。農業経営者に自由に行動してもらえばそれでいいのか。

昭和三六年の旧基本法では自立経営の育成を目標として掲げましたが、それが新政策での効率的安定的経営というかたちで復活しています。そうした路線でよかったのかどうかというご質問かと思いますが、私の方では明確な回答を持ち合わせておりません。

――消費があって生産があるということを考えると、輸入品が増大することによって消費構造が変われば、それによって生産構造も崩れてくるのではないでしょうか。また、農村政策についても、都市と同様にコンパクト化を目指すのも方向の一つではないでしょうか。

安藤　安い輸入品が入ってきてそこに消費者の購買が流れることは確かです。高度経済成長期を迎え、日本全体の中産階級が拡大してくると、所得増加を受けてよりいいもの求めるという消費行動が広がり、そうしたマーケットの拡大を前提とすることができました。しかし、バブル経済が崩壊した九〇年代以降、新しい基本法の時代には、格差が生まれ貧困層の増加さえ進んできました。日本国内で中産階級が縮小してやせ細っていくなかで、食費を確保するのもたいへんだという方々がたくさん生まれてきました。そうした中では、高品質高価格のマーケットは当然縮小していかざるえないでしょう。それに見合うような生産、つまり品質ではなくて安さと量が求められるような状況になってしまいます。そうした格差社会にならないようにすることで、高品質なものを食べる余裕のある消費が増えてきますので、そうした社会にならないようにできるかにかかっていると思います。その可能性があるならば、食育も含めてそうした政策を進めていくべきで、それは農業政策だけではなく所得再分配をおこなう国全体の政策にかかわってくるでしょう。ただそうした展望は望み薄です。先進諸国は社会が二極化し、グローバルレベルでは平等化が進むなかで、外国と競争するかたちになっていく。古い話で恐縮ですが、国内的には、いわば「貧乏人は麦を食え」という状況が進んでいるように思います。

集落のコンパクト化はいうのは易しいですが、実行するのはたいへん難しい。たとえば都市計画で、「この地域にはもう住めません」とは補償問題が絡みますのでなかなか言えません。その地域に住宅を建てないよう誘導を続け、野原になったら初めて線引きをし直すことができる。現行の都市計画制度ができたのが昭和四三年ですので、もう五〇年経っています。それだけの時間をかけてできあがった現在の姿を元に戻すのには、さらに五〇年以上かかるでしょう。長期的な課題として考えていくしかないと思います。

――農業生産法人が制度変更によって農地所有適格法人に変わり、株式会社の農業参入がたいへん増加しました。このままいくと、広く企業にも農地所有が認められるようになるかもしれません。農業構造変化のなかで、こうした株式会社の動きはどう捉えられていますか。

安藤　企業の農業参入はたしかに増えてはいますが、農水省や財界が期待したほどには増えていないのではないでしょうか。さらに、水田農業に大きく進出するような企業参入はほとんどありません。農業への企業参入を研究している研究者も、最近はあまり大きな動きはないとのことです。企業の農業参入も踊り場の状況にあると言えます。特区で農業に参入してもあまりあまりうま味がないというのが偽らざるところではないでしょうか。つまり、農業に参入しても、彼らが考えているほどの利潤率にはならないということです。経済原則にしたがえば、企業の農業参入はまったく恐れるに足らずです。しかし現実には、それにもかかわらず参入してくる企業があります。そこには何か理由があるはずです。それは、農地制度がどう変わるかにかかわってくる。

中国は、耕作請負権を集落がもっていますが、龍頭企業の参入が盛んで、請負権を龍頭企業が集積して、村全体がブドウ園になって、そこで農家は賃金労働者として働くという状況が生まれています。その龍頭企業の育成に中央政府は多くの予算をだしています。しかし、龍頭企業の人に話を聞くと、全然儲かっていないそうです。彼らが農業に参入したのは、農家がもっている請負権が転用される可能性があり、そのとき生まれる莫大な利益が目当てだというのです。そうした問題があるため、中国は政策を変更し、龍頭企業ではなく家族経営を重視する方向に転換しました。日本はどうでしょう。

――二〇一五年の基本計画はまったく官邸主導でまとめあげられたものだと思いますが、今度の基本計画は大丈夫でしょうか。また、水田は相変わらず日本農業の中心にあるのでしょうが、飼料生産も含めて畜産・酪農との関係についても議論してほしいと思います。

安藤　どのような基本計画が策定されるか予想もつきませんが、農業政策はどれをとっても踊り場状況にあるのではないかと思います。なかなか新しい政策は出てきにくいのではないでしょうか。畜産・酪農と飼料生産はもちろん重要であり、とくにトウモロコシと飼料用米をどう考えるか。飼料用米の生産はもう伸びないでしょうから、その生産拡大もあと三年で終わってしまうこともありえるかもしれません。中小家畜の飼料の自給も課題です。これらは消費の動きとも関連していますので、注意深く見ていく必要があると思います。

（二〇一九・九・四）

生産現場から見た二〇年　農政と私たちの取り組み

新潟ゆうき株式会社 代表取締役　佐藤　正志

みなさんこんばんは、新潟県村上市からまいりました新潟ゆうきの佐藤でございます。よろしくお願いいいたします。私は、平成一五年（二〇〇三）に米政策改革大綱が実施されたとき、ちょうど新潟県稲作経営者会議の副会長でした。農政局に行って新しい制度の説明会を聞いてきてくれと言われ、会長代理として、説明を聞いていた記憶があります。その翌年から、新しい制度を実施しようとしたのですが、小農の切り捨てではないかといった批判もあり、その本格実施が一年伸びました。東京での稲作経営者会議全国会議でも同じ説明を聞いたので、全部で五～六回は政策の説明を聞いたものでした。そうしているうちに、新しい米政策の方向性が、自分なりに理解できました。

平成一九年には、品目横断的経営安定対策が動き出すとの説明も受けていました。平成一三年からは、岩船ゆうき生産者協会として任意の組織を立ち上げて動いていましたので、私が窓口になって販売をしていました。品目横断的政策が実施されると、四ヘクタール以上の認定農業者という要件があり、そうすると、私の集落では私を含めて二人しか政策対象になりませんでした。平成一八年に翌年から本格的に実施するというメッセージが出たときに、集落の皆さんに集まってもらって相談しました。要するに、財源の一〇分の一を自分たちで出し、一〇分の三を国が出して、価格下落のときに補填するということです。

しかし、二名以外の農家は要件を満たさないので対象となりません。それを解消するために法人化することにして、一七年一二月に説明会を開きました。従前から任意組織としての活動があったことから、みんな二つ返事で、集落営農のような法人化の合意形成ができました。そのときの合意形成の条件は、法人にすべての田を預けること、作業は従来通り自分でやる、ということでした。各自が背番号をつけて農産物を管理しますので、個人の農産物が混じることはありません。そうして、平成一八年に法人化しました。品目横断の掛け金を集めたり、補填があれば戻し金を支払ったり、そうした事務作業が非常にたいへんでしたが、事務の専任者を設けていたので、当面は対応していきました。農業をやめるときは法人にそのまま預けることも条件でしたので、現在集落では二人方以外の農家は農業から離れています。制度が変わっていく中で、とりあえず集落をまとめていくためにとってきた方法でした。

村上市の平成三〇年一〇月の農業の担い手状況は次の通りです。「人・農地プラン」の担い手となるのは六八〇人、農事組合法人・有限会社・株式会社・その他が四四です。平成二七年の認定農業者の年齢をみると、五五歳～五九歳、六〇歳～六四歳、六五歳～六九歳層が多くなっています。六五歳以上で後継者がいるかどうかは、行政でもわからないという状況でした。これはどこでも似たような状況ではないでしょうか。

実は、後継者がいるかどうかがわからないのでは困るんです。その経営が来年も農業を維持できる状況であればいいのですが、いきなりやめることになったときの受け皿をどうするかが問題になる。私は、「人・農地プラン」の検討委員をしていたとき、後継者がいない方々に対してどう法人とむすびつけるかという仕組みをつくったらどうかと進言しましたが、残念ながらそれができませんでした。そのとき行政がいうには、担い手から手が上がったとき後継者がいないから不適格とは言えない、その時点で農地を出させるのは無理だということでした。行政としてはそうかもしれませんが、実際に急に農地が出たときに混乱するのは現場です。

受け皿になる経営に、その後の追加投資

担い手の経営状況をみると、三〇ヘクタールを超えるとほとんどが法人経営ですが、それ以下の層では七〇歳以上の人がけっこういます。稲作が三九三戸、複合経営が三五戸とほとんどが稲作単作です。

そうした人たちがリタイヤするときには、さまざまな問題が起きると想像できます。経営者の年齢も六〇～六九歳が最も多くなっています。

経営規模が順調に拡大していけば、必ず投資が発生してきます。一〇㌶の経営をやめて、その一〇㌶がほかの経営に移ったとき、人や機械への追加投資が必要になってきます。受け皿となった経営にそうした追加投資ができるだけの体力があるかどうか、そういう環境になるかどうかが、非常に大きな課題です。経済成長が五～七％であればある程度体力がもつとはいわれますが、投資規模が倍以上になったときそれに対応できる経営体力があるかどうかは疑問です。また問題なのは、標準小作料が廃止になったため、地代に関する議論の場が現場にまったくなくなってしまったことです。以前は、農業委員会が標準小作料を決めて、相場のメッセージとして出していましたが、今はガイドラインでしかありません。例えば、戸別所得補償が一万五〇〇〇円から七五〇〇円に下がったときは、再生協議会で意見を出して、農業委員会にお願いして小作料を下げてもらいました。

ところが、最終的に戸別所得補償がなくなったときには、地代は議論さえされませんでした。結果的に据え置きでした。六月に標準小作料の据え置きが決定されたようですが、その年の作況は九三でした。そんな状況でも経営者は小作料を下げてくれと言わなかったのです。兼業農家が多いことから、痛みはあまり感じられないのかもしれません。私の所の地代は現在、一〇㌃当たり一万円八〇〇〇円に、土地改良費が七〇〇〇円かかります。私が全国稲作経営者会議の会長をしていたとき、福井県で聞いたところでは、当時五〇〇〇円でした。当時は一万五〇〇〇円の戸別所得支払いがあったときですので、地代を払っても手元に一万円残ることになります。当時、私の所では地代は三万円でしたから、一万五〇〇〇円の補助金に上乗せして地権者に地代を払っていたのです。これが地域差というものです。この地域差を知っていた私は大きな違和感をもちましたが、それを知らない村上市のほかの農家の方はまったく違和感をもっていませんでした。これを何とかしなければいけないと考えていました。

耕作放棄された農地は、今、ほぼ原野に戻っています。この農地をどうするかは真剣に考えなければなりません。自民党の農林部会に呼ばれたときにも、この話をさせていただきました。そして、この問題は全国一律で考えるのではなく、地域で議論して進めるべきだと思っています。農地が荒廃すれば土砂崩れなどの災害が起こりやすく、農地は獣害の歯止めにも機能していました。

そうした観点で、条件不利地についても政策を展開するべきです。「人・農地プラン」によって圃場整備が進められていますが、むしろ中山間地域でこそ、最低限の圃場整備をおこなう必要があるのではないでしょうか。

どんどん厳しくなる地代負担の問題

私たちが地権者に支払う地代には、土地改良の経常費償還金が含まれています。これも何とかしなければいけません。土地改良法では、これまで一筆の農地に対して一組合員しか設けられませんでしたが、今年改正されて、准組合員二名でも可能になりました。しかし、現場の土地改良関係者はまだそれを理解できていません。時期尚早だから准組合員制はとらないという土地改良組合も多いようです。たとえば私の所で使っている用水の頭首工は、いずれ改修することがわかってきており、そうなったときに、土地の価値を維持するために投資するものについては本来地権者が負担するべきものです。われわれ耕作者が負担すると、借地の設定期間が過ぎて土地を返すときに面倒なことになる。

　また不在地主の農地については、誰が土地改良償還金を返済する義務を持つのかという問題もあります。もっと踏み込んで問題を整理しないと、地代問題はどんどん厳しくなるでしょう。新潟の中でも、土地改良経常費が非常に高い地域があります。地権者は償還費を割ってでも農地を貸そうとはしませんから、当然そこでは小作料も高くなります。

　私の地元では、市道と県道は一年に二回しか草刈りをしなくなりました。そして市道については、予算がないからという理由で、法面はまったく刈らず、道路に面する部分しか刈らなくなってしまいました。そうすると、今年のように暑い年はカメムシが発生するので、われわれは、圃場に接する所はどうしても刈らざるをえない。地代は下がらない、こうした余計な管理までわれわれがしなければならない。非常に懸念するところです。

以前、農地・水・環境事業で草刈りをすることで参加する農家にも直接支払いをすることになってはいますが、実際に草刈りをしているにもかかわらず、お金はまわってきません。公共用地は対象外とされていたので、公道との境界を確認して草刈りをしていたはずです。こうしたことは、考えなくてはならないでしょう。どんどん担い手が減っていっているのに、さらに追い打ちをかけるような状況が現場では起こっているのです。

われわれが直面している問題であり、われわれが何とかしなければならない。行政と相談して、われわれに委託して、若干でも費用を出してもらいたいというのが本音でもあります。

農林水産省農村振興局中山間地域所得向上支援事業の採択を昨年と今年いただき、法人支援のための取り組みが今年度から動き出しています。中山間地域の法人が、面積がどんどん増えて困っています。われわれ平場は担い手がいっぱいいるので、面積はそんなに増えていません。だったら連携をして、融通し合うという事業です。一昨年の補正予算では、対応が非常に厳しいということでした。補正で予算計上すると、全体の案件数が少ないため、議会で質問攻めにあうからだと言います。

従って、その年の補正予算では実現しませんでした。農水省の担当者に相談すると、市町村では当初予算として組んで、とりあえず受け皿はつくってほしいと言います。国で補正予算が出たら、市町村には手を挙げてほしいということでした。そうすれば、当初予算に補正の予算を入れればいいということです。そうして市町村にも対応してもらい、補正予算も出て、事業は進めることができました。

一つの経営に対して四社の支援をしよう

われわれ経営者は簡単に財産をあわせて合体できるかと言うと、そう簡単ではありません。そこで、それぞれの経営をしっかり頑張って維持していき、万一その経営ができなくなったときに、ホールディングス化が生きてくると思います。あくまで予備的なものとして、ホールディング化を考えてみたいのです。上限が五〇〇万円のソフト事業を活用して、ホールディングスに向けたいろいろな話し合いや専門家からの情報提供を受けていきたいと考えています。この事業の目標は中山間地の法人が売り上げを一〇％伸ばすこと、経費を一〇％削減することのどちらかです。われわれは、その中心となる経営を支援していくことになります。

たとえば人が足りないとなれば、うちから人を出す、機械が足りないとなればうちの機械をオペレーター付きで出す、そういったことをイメージしています。そうして目標が達成できれば、それがこの事業のゴールとなります。一つの経営に対して四社が支援をしようと話し合いを始めています。うまくいくかどうかはわかりませんが、最終的に合意形成がどのようにとれて、どんな課題が出てくるか、これが、私がこの事業を考えた大きな目的の一つです。

経営改善のためのコスト低減については、一昨年、農林水産省生産局の仕事で、海外の市場調査、いわゆる農業資材の価格、農機の価格の調査に行ってまいりました。これは、農業法人協会が前年度に韓国を調査し、韓国の調査だけでは不足なのではないかという議員の先生方のご指摘で、韓国以外の国の調査の予算がついて、イタリアとアメリカに行かせていただきました。私はイタリアに行かせていただきましたが、日本が農地面積一四七万ヘクタール、アメリカは比較になりませんが、イタリアは耕地面積が日本の六十数％なのに平均経営耕地面積は五四ヘクタールです。日本が一・九ヘクタール、北海道でも一一・五ヘクタールです。この差はどこからくるのか。現地に行ってわかったことは、日本もイタリアも六〇年前は全部手植えでしたが、イタリアはそれでは限界だとバラ播きを始めました。いわゆる、直播です。日本は、手植えが限界だからと機械移植に代わりました。歩行用田植機、乗用田植機、そして側条施肥、今ではＧＰＳ搭載です。

海外と競争できる環境にあるのか

日本はこの六〇年間、機械の開発にかかっていたわけです。これはこれで、日本の農機メーカーが経済成長した礎になったわけで、別にそれが悪いわけではありません。イタリアは今でもすべて直播です。直播ですから、田んぼをどんどん大きくしています。レーザーレベラーも普通の農家がもっています。私たちがヒアリングした農家は、三五〇ヘクタールくらいの経営をしています。二〇ヘクタールまでのほとんどの農家は農機具を所有していません。すべてコントラクターに委託するか、大規模経営者に作業受託するかです。それで利益が出るのですかと聞いたところ、EUでは直接支払い分が自分たちに残るから、生産で利益が出なくても何とかなるという答えでした。それでほんとうにいいのかどうかはわかりませんが、日本としても考えなければならないのは、機械の部分をどうにかしなければいけないということです。

　農水省からは一〇〇馬力規模のトラクターの利用を比較してくださいと示唆されていたのですが、イタリアで実際に使っているのは三五〇馬力クラスがほとんどでした。田んぼが二～三㌶ですから、それくらいのトラクターが稼働するのは当たり前です。日本のわれわれの地元を見ると、うちには一〇〇馬力のトラクター一台を持っていますが、地区全体でも三台しかありません。ほとんどは五〇馬力クラスのトラクターです。圃場が大きくないということもありますし、経営が小規模だということもあります。

　こうした点を考えると、われわれはほんとうに海外と競争できる環境にあるのかどうか。今さら後戻りはできませんし、農水省にも頑張って圃場整備を進めていただきたいと思います。ただし、予算的な限界が必ずあると思われます。圃場整備予算が付いたとしても、今は農地中間管理機構を利用した圃場整備は受益者負担がないので、受益者がやってほしいという声は上がり易い。しかし、行政の負担が一〇％、県の負担が二七・五％ありますので、その負担ができるかどうかです。せっかく国の予算がついても、行政の予算がなければ、その予算は使えない。そう考えると、果たして進んでいくかどうかを懸念しています。ただ、この枠組みは簡単には変えられないと思いますので、何とか市町村に頑張ってもらって、市町村負担の一〇％の部分を、たとえば県道を増やしたら県道の拡幅用地に向けて、そこには違う補助金をつけるなど、いろいろな工夫が必要になってくると思います。これは、様々な方の協力をいただかないと、出来れば地方行政負担を減らすか無くせれば良いと考えています、そうでなければ簡単には進まないだろうと考えております。

（さとう　まさし）

〈質　疑〉

――「食料・農業・農村基本法」ができて二〇年経ち、佐藤さんからみてどう評価されますか。

佐藤　私が「新しい米政策」についての説明を受けたときは、ひじょう耳触りが良かったという印象でした。雲が晴れて、先が見えるようなイメージで話を聞いていました。しかし、民主党政権に代わったとき、そこがなし崩しに年齢要件、面積要件などなくなってしまいました。農村も相当混乱したと思います。戸別所得補償として一万五〇〇〇円もらえることで、お前に貸してある農地を返してくれという「貸しはがし」もずいぶん聞きました。一時、そうしたこともあったでしょうが、現実にやるとやっぱり採算が合わないということで、今はやる気のある方々に農地が集まってきている状況だと思います。

ですから、方向は悪くはなかったものの、さまざまな問題がその制度を前に進めなかった。おそらく制度設計をした方々も残念に思っていたのではないでしょうか。全国稲作経営者会議の会長をさせていただいたとき、さまざまなことに関わらせていただきましたが、政策立案に関するいろいろな方々の話を聞いていく中で、ずいぶん勉強させていただきました。決して農業の状況を悪くするつもりであの制度をつくったわけではないはずです。

――農地中間管理機構については、どのようにお考えでしょうか。

佐藤　農地中間管理機構は、制度としてはひじょうに良い制度だと思っています。ただし、それがほんとうに機能しているかどうかです。新潟では、農林公社が窓口になって中間管理機構の事業を県一本でおこなっています。しかし実態は、全部市町村がやっています。市町村がすべての地域をカバーしきれるかどうかです。

また、地域の中で特定の担い手を育成しようと目標を定めてそこに農地を集めることは全くできていません。やはり手を挙げた人、あるいはすでにひも付きで仲介される。この農地はあの経営者に任せるほうがいいと考えたとしても、そうはなかなかいかない。そういう意味では、農地中間管理機構が機能するにはまだ時間がかかるかもしれません。担い手が整理されてきて初めて、中管理機構が生きてくるのだろうと思っています。

―― 政策では、多くの小規模農家が脱落していって、農地が担い手に集まっていくという姿を描いていますが、現実には、依然として一㌶、二㌶という小さな農家はかなり残っています。そう簡単にそうした構造は変わらないのではないでしょうか。

佐藤 私もそう思います。現地を見たときに、この農地を将来だれが担っていくのかと危惧します。私は、小さい農家が脱落していけばいいとは全く考えていません。それぞれの農家は自分の農地を自分の責任で頑張ってきたわけで、これからも頑張ってほしいと思っています。ただ、それができなくなったときに、農地を誰に委ねるのか。もう来年はやめるから頼むという直近のことから、五年後くらいにやめたいので準備していてくれという心づもり、そういう合意形成ができていないと、われわれ経営者は思い切ったことができません。不安にもなってきます。最終的に、中山間地期では誰も引き受け手がいなくて、耕作放棄されてしまいます。中山間地域の一角に支援に入っている平場の法人が耕作をしていましたが、水が不足していた春先ではありましたが、地元ではなかったために水を融通してもらえず、結局三㌶に作付けできませんでした。

このようなことが今後も出てくるのではないかと思います。単に貸し手借り手という人の問題ではなく、その地域の農地を誰が維持していくかを真剣に考えていかなければいけない。もちろん政策は重要かもしれませんが、われわれにとっては、現実に農地を誰が維持するかということがもっと大きな課題です。

――新潟ゆうきが株式会社にされたいきさつはどういうものだったのでしょうか。また、クボタとのかかわりについても教えてください。

佐藤　私が稲作経営者会議に入っており、そのときに全国のいろいろな法人を見ることができました。農事組合法人は面積や出資額に関係なくすべて同じ権利を持つことから、意思決定が迅速にできないと考えました。私自身が販売を担うことにしていましたので、内実は集落営農でしたが、有限会社で設立しました。そして、会社法改正を機に株式会社に変えました。また、村上市ではカントリーエレベータの稼働が全国でも有数と思います。しかし私の地元の農協では、主食用米一〇〇%の九〇〇〇㌧のカントリーエレベータを建設したものの、稼働率が三〇~五〇%程度で推移していました。そのため、われわれ生産側では拡大がどんどん進んだのに、カントリーエレベーターの稼働率が低いことで乾燥調製施設への補助金や制度融資が利用できない状況にあります。当時、私はさまざまな役職についており、いろいろな所に聞いて回りましたが、なぜそういうことになったのか明確な答えは出ませんでした。われわれが経営規模を拡大するにも自己資金で対応するしかありませんでした。販売は農協を通していませんでしたから、農協金融も使えません。農水省の幹部に相談したら、主食用米以外でライスセンターを計画できないかということをアドバイスされました。

そして、当時私と米菓メーカーとの間で原材料供給のための農業法人を連携する計画もあったため、加工用米でライスセンターを建設するということになりました。制度資金が使えるのはいいが、すべて負債になってしまいます、

一方、ちょうどその頃に話が出始めていた六次化ファンドは資本出資です。国がメガバンクを支えたように、そうした仕組みができたことから、それを使わせていただきました。新潟の銀行に第一にサブファンドを設立してもらい、米菓メーカーと動き出していたとき、クボタから参加の要請があったのです。しかし、社内事情から米菓メーカーが離脱し、再度クボタと立ち上げて、ファンドが動き出しました。クボタは農機メーカーとしての参加というよりも、むしろ輸出事業を念頭においての参加だったようです。ファンドの受け皿は、新潟クボタの子会社である（株）新潟農商でした。（株）ＮＫファームを設立したときに、参加法人としてクボタも私どもも入っていますが、クボタが私どもへ出資しているということではありません。ライスセンターについては、半分は私どもが使用料を支払って利用して、半分はＮＫファームが運営しています。

――農業での女性の役割については、どのようにお考えでしょうか。

佐藤　農業に女性の力は大いに必要だと思います。私がいまあるのは女房のおかげだと思っています。男性も女性もそれぞれ独自の経営視点を持っています。私は全体を見ていますが、女房も役員になっていますので、彼女は彼女なりの視点で社員をしっかり見て、さまざまなフォローをしています。もともと私は現場で仕事をするだけの人間だったので、彼女には経理の切り盛りをしてもらって、完全に二人三脚できました。今は少しずつ足を抜いて楽をしてもらっていますが、その代わりになるような女性社員がすでにいます。私の女房は六次化を担当していて、私はその部分にはまったく口を出しません。彼女には商品をつくりだす能力が非常にあり、村上市の食材プロモーション活動には毎回参加し、シェフやコックなど食を提供するさまざまな方と連携をしています。

また、「人・農地プラン」では、農水省の指導もあって、女性のメンバーを増やす必要があることから、女房にも話があったのですが、彼女は得意分野ではないと断った経緯もあります。議論に参加できるのであれば委員になってもいいが、内容を知らない自分が入っても議論に参加できるわけではないと言いました。

――女性がいろいろな場でも役割を果たせるようになるには、どうすればいいとお考えでしょうか。

佐藤　たとえば「人・農地プラン」の委員としては、やはり、長く携わること、そして実際に経営を担っている構成員になっている方がメンバーになるべきでしょう。視点が異なる方もいいでしょう。会社経営をしている方が出てくればいろいろな意見が出てくるでしょう。そうした方は公平な立場で話ができるかもしれません。それが、農業関係者にとっては、「目からうろこ」になる可能性もあります。

――規模拡大に対応するため機械装備をしていくにはそれなりの投資が必要になりますが、現行の制度で十分で賄えるのですか。また、農地維持の観点から必要になる圃場整備はどのようなものを考えておられますか。ホールディングス化について触れておられましたが、集落を超えた規模で営農のための法人をつくっていこうということでしょうか。

佐藤　とくに私は地代が高い所でやっているので、地代がある程度下がらなければ利益が維持できなく、利益が維持できなければ投資をすることもできません。そうしたことを行政も考えてほしいものです。圃場整備についてはその土地の環境は全国同一ではないので、その土地にあった整備のあり方は地域で考える必要があります。荒廃農地を農地台帳から外すなど、さまざまな議論の末に農地維持をするための基盤整備が必要だと思います。

　そうした農地の維持もそうですが、経営も一つの集落で完結するとは思えません。それがホールディングス化の考え方です。一〇〇㌶という一つの目標が私にはありますが、現在われわれと連携している経営は、すでに三〇〇㌶に達しています。そこでさらに五〇〇㌶をイメージして経営を考えています。ただし今、五〇㌶の経営をしていてさらに一〇〇㌶を想定した設備投資をすると、拡大する分は過剰投資になってしまいます。そうであれば、お互い連携することで一〇〇㌶を実現することで考えたらいいのです。たとえば個別農家が一〇戸集まれば、それまでそれぞれで所有していたトラクターも数を減らして、その分コストを下げられ、人も有効利用できる。そうしたことも規模拡大の一つの方法で、その議論を始めたところです。最初はコントラクターのようなことをしていかなくてはならないと思います。

なお、中山間地域所得向上支援事業というソフト事業では、支援に参加している各社の分析をして、今後の展開方向を検討していこうというものです。

――イタリアでは手植えから直播に切り替えられましたが、日本は機械植えに変わりました。この違いは政策によるものなのでしょうか。また、米の輸出によって稲作の未来は開けますか。

佐藤　イタリアでは、手植えに限界がきて直播になり、さらに機械で播くために圃場が大型化していったんだろうと思います。圃場を大きくしていくことで、トラクターは一〇〇馬力～三五〇馬力へ、コンバインも大きい物では刈幅六㍍のものもあるほど大型化しました。日本人とヨーロッパ人との感覚の違いもあっただろうと思います。イタリアは日本のように、自脱型コンバインではなくてスレッシャータイプの普通型コンバインです。秋田の八郎潟に入植が始まったときに普通型コンバインが導入されましたが、ロスが多いことから敬遠されました。そうして日本は自脱型コンバインの開発・改良が進みます。そうした違いが基にあるのではないでしょうか。

ただ、農業機械の耐久性に関しては大きな差があります。欧米のトラクターは三〇年くらい平気で使っていますが、日本では、たとえば私のところの一〇〇馬力のトラクターは、五年使うと修理代が二〇〇〜三〇〇万円もかかってしまいます。これでは生産コストは下がりません。単純に農機メーカーだけの問題ではなく、アジアモンスーン地帯に属する日本独特の問題でもあるのです。湿田地帯に適応する田植機、コンバイン、トラクターが開発されてきたからです。今、日本の米を輸出できるようなコストが実現できるかどうかは大きな疑問です。農水省は一俵九六〇〇円というコスト目標を掲げたことから、新潟県は米コストの実態調査を行いました。私は一万円を超えています。固定費に地代があり、それが大きく影響しています。九六〇〇円の米を生産するためには、地代を一万円にしないとできません。土地改良費は五〇〇〇円以下にしなければ無理です。それができている地域もあるようですので、やはり議論していく必要はあるでしょう。

――地代等が下がれば輸出で競争できる稲作が実現できるのでしょうか。お話に出てきた新潟農商での輸出事業はどのようにみておられますか。

佐藤　日本の人口減少の状況を考えれば、海外に需要を求めなければ消費は増えません。価格がどうであれ、農地を維持するためには耕作しなければならず、そこから生産される農産物を国内消費してもらう以外は海外に需要を求めるしか方法はないと思います。

その最大の課題は採算です。新潟県では中国向けに輸出が解禁されましたが、まだまだ採算的には難しい。ちなみに、中国から栽培指導の依頼を受け、現地に行ったことがありましたが、圃場は大きく立派で、生産されたお米もおいしいものでした。

しかし、圃場わきの排水路には家庭ごみも一緒に混ざりとても不衛生でした。そんな状態を見て、私だったらここでつくられたお米は食べたくないと申し上げました。表面的には素晴らしい米づくりでしたが、内実は日本の稲作とは大きく違っていると感じたものでした。

なお、六次化ファンドから一億円の出資をいただきましたが、そのファンドは経営に深く関与してきます。それが重荷になって受け皿となっていたクボタは一括返済をおこなって撤退しました。

――日本の農産物は安全性という意味で世界でも通用するとお考えですか。

佐藤　私どもの会社は「新潟ゆうき」と名乗っていますので、有機栽培がメインだと思われがちですが、有機栽培もありますが決してメインで扱っているわけではありません。「ゆうき」とは、農業を始めたときの挑戦する「勇気」、心意気や「遊」の「ゆう」を取り入れた名前です。それに、日本の有機農産物の市場占有率がどのくらいあるでしょうか。一％もないと思います。消費者が安全性に見合うものをほんとうに求めているのか。それは、どの国でも同じだと思います。消費者の意識はまだそう高くはないと思います。オーガニックという言葉は耳にいいのですが、消費者の意識はまだそう高くはないと思います。私どもが納めている会社が選手村でレストラン展開できることになって、おかげさまで、来年の東京オリンピック・パラリンピックでは私どものお米が提供される予定になりました。グローバルＧＡＰの認証取得をしてきていて、米の分析も毎年して、農薬はまったく検出されていません。ポストハーベストでない限り、日本で使用が許可されている農薬が農産物に付着していることはほぼ考えられません。使用基準さえ守られていれば農薬は検出されないのだろうと思います。

（二〇一九・九・一〇）

農村政策の総括と展望

明治大学農学部 教授　小田切　徳美

明治大学の小田切でございます。どうぞよろしくお願いいたします。農村政策の総括と展望というテーマで、農村の実態と農村政策について整理をし、二〇二〇年の基本計画のあるべき姿について私なりに論じたいと思います。

二〇二〇年の基本計画は、おそらく今まで以上に重みをもつでしょう。環境制約、グローバリゼーション、人口減少が新しい段階に差し掛かっているからです。その意味で、農政は、課題先進地域、課題先進国という言葉に習えば、課題先進領域と言っていいと思います。したがって農政が、それに対してそのような姿勢を見せるのかは、国政全般にかかわって重要な論点になろうかと思います。また、平成期農政の総括としての位置づけをもち、農村政策について言えば、農水省の岐路にもなります。二〇〇一年の省庁改革で農村という念願の領域を農政は手に入れましたが、それを再び手放して経済産業省の領域の性格を強めるのか、そうではなく食料・農業・農村という基本法の立場を堅持するのかということが迫られています。もし前者であれば、私は、基本法を改正すべきだと考えています。

日本の農村の現局面は、一言でいうと、人・土地・むらの三つの空洞化です。農家世帯員が急減し、それを追うように農地が減少し、最後は集落の数まで減少し始めています。まさに人・土地・むらの問題が雁行的に徐々に広がっていることがわかります。その中で一九八〇年代後半からは、むらの空洞化が起こり、限界集落という言葉が九一年に生まれています。それだけではなく、農村経済の危機の時代でもありました。農業粗生産額と公共事業額の推移を重ねてみると、一九八四年（昭和五九）をピークに農業粗生産額は停滞をし、それをカバーするように公共事業が展開していきます。ところが、小泉政権の頃から、公共事業は大幅に減少します。九〇年代は所得形成が農業・公共事業ともに減少します。二〇〇〇年代に入って、農村経済は底抜け局面に入ったと言えるでしょう。

農業経営動向調査を見ると、非常に面白いことがわかります。二〇〇三年（平成一五）にこの統計データはなくなってしまうのですが、この当時、最も所得が減少しているのが副業的農家です。農村を支えていた兼業農家の所得減少が起こっています。かつて「社会の安定帯」といわれた兼業農家それ自体の経済の困難性が生まれているのが確認できます。コミュニティと経済の危機であり、それは平成期の農村の実態です。

　国土交通省では過疎地域を中心とした条件不利地域集落の分析をしていて、どういう問題が起こるかを地方自治体の職員に聞いています。そこで、頻出するのは、もちろん、人口減少をそのまま反映した問題ですが、そのなかには「働き口の減少」「コミュニティの脆弱化」が出てきています。医療問題や教育問題も確実に深刻化しています。

　そうした問題に対して農村部はさまざまな動きを示しています。平成の時期区分をしてみると、一九八九年（平成元）からの一〇年間（平成前期）は、むらの空洞化とその中でのリゾートブームが起こります。一九九一年（平成三）に限界集落という言葉ができ、その後バブル期でリゾート開発が続き、典型的な外来型がおこなわれました。当時のリゾートは「借景としての農村」であり、農村には景色さえあれば良く、農産物でさえ地元産は相手にされませんでした。そのようなものでも、むらの空洞化という局面のなか、リゾート開発を受け入れるかどうかが地域の生き残りの議論となっていた時代でした。平成中期になると、このリゾートブームがバブル経済の崩壊とともに終焉し、農山村は内発的にしか発展し得ないんだという覚悟が生まれ、地域づくりが一九九〇年代末から二〇〇七年頃にかけて本格的にスタートします。その先頭を走ったのが鳥取県の智頭町です。そして、平成後期は田園回帰の一〇年でした。一方で、地方消滅論を契機とする地方創生がスタートしていますが、田園回帰がこの時期の特徴を示します。

このように細かく見ていけば、一方的な後退期といわれてきた平成期の農村は決してそうではなかったことがわかります。さまざまな動きが交錯している時代だと捉えるべきでしょう。そういう意味で、平成中期の地域づくりについてもう少し詳しく見ていきたいと思います。

むらおこし運動は「ゼロ分の一」、だから無限大

一九九〇年代中頃以降、バブル経済が崩壊し、リゾートブームが終焉を迎えるなか、地域づくりがスタートします。とくに過疎化が先発した西日本の中国山地で早くに起こっていました。農山村は内発的にしか発展しないという覚悟があったのだろうと思います。最も体系的な試みがあったのが、鳥取県智頭町の「ゼロ分の一　村おこし運動」です。ネーミングが魅力的です。なぜゼロ分の一なのかと言うと、地域づくりで一歩進んだとすると、ゼロが一になる。つまり一からゼロを引いて一と計算するのではなく、ゼロ分の一を計算すること。つまり、ゼロが一になるということは無限大であり、お互いにそれを評価しようという発想からのものです。どんな小さな動きでも、大きな前進として捉えるべきだという考え方です。

これは当初から行政が動き出したものではなく、地域の方々がプロジェクトチームをつくって、当時の郵便局長、製材所の社長など約三〇名で計画をした運動です。そうしてなされた具体的な政

策提言に町役場が全面的に乗りました。その中身は、集落の全住民で集落振興協議会を組織化し、一〇年後のあるべき姿を設定して、実践計画をつくります。その計画には、住民自治、地域経営、交流・情報という三要素が必要だということが打ち出されました。いわゆる手挙げ方式をとったということもあって、智頭町内の八九集落のうちこの運動に手を挙げたのは一六しかありませんでした。その意味では、手挙げ方式に徹したというのも当時としては非常に新しい運動だったと思います。新田集落では、人形浄瑠璃の里として様々な試みがされ、その後、百人委員会を組織して住民参加で政策提言をしたり、園舎をもたずに農村空間そのものを場とする森の幼稚園、田舎のパン屋さん、自伐型林業、ＳＤＧｓ未来都市などが展開されてきました。ちょうど来月には、その取り組みが本として紹介されると聞いています。

　このような地域づくりに関して、早稲田大学の宮口侗廸先生は、次のように言っています。山村とはそもそも、非常に少ない数の人間が広大な空間の面倒をみている地域社会である。そもそも山村は人口密度が小さい、なぜならば農林業を産業としているから。いわば土地利用産業だから当たり前。それを支える社会システムを集落としてつくってきた。それがもし減少したとするならば、新しい仕組みをその中からつくっていくしかない。つまり、人口が減少したから消滅するという増田レポートのような単純な発想ではなく、新しい仕組みをつくっていくことこそが地域づくりだという問題提起です。宮口先生は「先進的な少数社会」という言葉を使っていますが、最近の私の政策提言では、「多自然型低密度居住地域」としています。農山村は多自然型の低密度居住地域であって、これを新たに支えていくことが過疎法あるいは山村振興法などの地域政策が必要だということです。

そういった運動が智頭町を中心に先発して起こっており、その原則は、内発的、つまり地域の想いと力で、そして多様性と革新性をもって地域づくりが起こったと言えます。ちなみに、「地域づくり」を英語の論文で示すときには、しばしばrevitalizationという言葉が使われますが、われわれはregeneration・再生という言葉にあえて置き換えています。まさに、内発的・多様性・革新性を表現しているのがregenerationだろうと思います。

中国山地においてこうした動きが先発しますが、その動きを一般化すると、暮らしの「モノサシづくり」、これは、主体づくり、人材づくりがあり、また「コミュニティづくり」も位置づけられました。そして「カネとその循環づくり」、つまり持続可能性の条件もあります。それらを一体的におこなっていくのが地域づくりです。智頭町ではまさにこのことが実践されていました。

地域の人びとの中に芽生えた当事者意識

そこで強調された三本柱は、地方創生でいわれる「まち・ひと・しごと」に重なります。ひとを人口として捉えられることもありますが、二〇一四年一一月に石破大臣がリードした地方創生法の中では、ひとは人材だとはっきり書かれています。その意味では、これまで大きな誤解があったのかもしれません。地方創生は、人材創生、コミュニティ創生、仕事創生なのです。地方消滅論から、いわばあおるような形で地方創生が出てきているわけですが、その中身は地域づくりと重なります。

とくに人材創生に関して、長野県飯田市の牧野市長は次のように強調します。地方創生にとって一番重要なのは地域の人々が当事者意識をもつことである。そうであれば、人材というのは当事者意識もつ人ということだと思います。その点で、最近では飯田市でも盛んな公民館活動に注目しています。昔からおこなわれてきた社会教育はまさにこの当事者意識づくりをおこなってきたのだろうと思います。それが、一部の地域では空洞化している中で、それを補おうとしているのが地元学やワークショップの動きです。最も新しい動きは、地方創生第二期対策で強調された高校魅力化です。そうしたことも、人材育成にかかわってくるのではないかと思います。ただし、これらの対策のいずれも特効薬ではなく、地道な積み重ねが必要で、地域づくりに時間がかかる理由はそこにあります。

田園回帰と関係人口増が進んでいる

以上の動きは、平成前期にむらが空洞化する中で、バブル経済において出てきたリゾート開発が崩壊し、その中で出てきた地域づくりの動きでした。それに対する援軍として、田園回帰あるいは関係人口が生まれます。田園回帰はフェイクであるという議論が研究者の中にもありましたが、そんなことはありません。総務省の田園回帰研究会で国勢調査を組み換え集計した結果から、五年前に大都市に住んでいた過疎地域の住民を移住者と捉え、地域ごとの増減を調べてみました。平成の合併前の全国の市町村一五二三のうち、二〇〇〇年～二〇〇五年に対して二〇一〇年～二〇一五年で、移住者が増えているのが三・七倍になっています。田園回帰がこうした形で現に進んでいるということです。

地域別に見ると、それまでと明らかに異なる傾向を示しているのが中四国であり、移住者増加の伸びが高くなっています。とくに沖縄をはじめとする西日本の離島部での増加が目立ち、県境地域も増加しています。人口が減少して議員の立候補者がいなくなって話題になった高知県の大川村には田園回帰で若者が集まっていることも見てとれます。さらに、地区の人口と移住者の増加割合を見ると、小規模市町村で移住者が増えてきていることがわかってきます。

国土交通省の国土審議会の「住み続ける国土専門委員会」で、住民異動台帳調査を使って、二〇一二年～二〇一七年の三大都市圏に対しての移動のうち流入超過が何回あったかをみました。その結果をみると、流入超過が多くあった市町村は、たとえば中四国で見ると、津和野町、邑南町、海士町、上山町などです。こうした傾向は全国的に見ると非常なまだら模様です。

たしかに県境地域に、流入超過地域が多くあることは言えますが、そうしたすべての県境地域がそうであるかというと、そうではありません。そのように、地域的偏在傾向が強いことが田園回帰の一つの特徴でもあります。

そして、田園回帰の裾野には「関係人口」という動きがあります。「ソトコト」編集長の指出一正さんと「東北食べる通信」編集長の高橋博之さんがほぼ同時に「関係人口」ということを言っています。定住人口でも交流人口でもない人々を表現したものです。国交省の観光庁が交流人口を観光人口という意味合いで使ったために混乱が生じていますが、定住人口でも観光人口でもない、というのが正確かもしれません。

交流人口という概念は一九八〇年代からあり、かなり奥深い概念です。概念が交雑してしまった交流人口を再び関係人口という言葉で表現したということでしょうか。指出さんは、いくつかの地域ではそうした関係人口が目に見えてみ増えていると言います。

農山村地域の定住願望があるかないかという世論調査の結果をみると、女性では一六・三％から二六・七％にと一〇・四ポイント増えており、男性でも同様に一一・一ポイント増えています。二〇代男性では三四・六ポイントも増えて、四七・四％になっています。都市住民のうち若い男性の約半分が何らかの形で田園回帰志向性を持っているということです。

次に、農作業や環境保全活動、お祭りなどの伝統文化維持活動に協力したいと思いますかという質問では、積極的に協力したという人が、女性では二・一ポイント、男性でも〇・七ポイント下がっていて、その意味では農村離れも見られ、とくに高齢者で強い拒否傾向が見られます。その一方で、二〇代男性では、積極的に協力したいというのが増えていて、おそらくこの部分が、関係人口として把握されているのだろうと思います。つまり、移住願望も増えているし、地域貢献願望も増えている、そんな傾向がとくに若い男性に強く出ていると言えます。

見知らぬ地域とつながる「かかわり価値」

なぜこうした傾向が起こっているのでしょうか。国交省で約三万人のサンプルをとってアンケートをおこなっています。その結果を見ると、若者のライフスタイルの多様化が強く出ています。もっとも、すべてが田園回帰傾向や関係人口傾向をもっているわけではありません。ただし、一部ではありますが、それがじわじわと増えているという傾向は明らかです。ＳＮＳによるかかわり手段の高度化も特徴です。情報の入手、情報の発信をＳＮＳでおこなっていて、最近では古民家改修のボランティア募集をよく見かけるようになり、とくに人気のあるのが床張のボランティアだそうです。ツイッターなどで募集すると、見ず知らずの人間が自前で参加するということがおこなわれています。そこにある本質は何かというと、私は「かかわり価値」の発生と表現しています。関係性をもつことに価値が生まれているということです。先ほどの指出さんは、「若者は関係性をつくること自体に金を払う時代」だと表現されています。かかわり価値というのは同義反復であって説明にはなってはいないのですが、説明しにくいことが起こっているのです。

それを図式化するため、関心と関与の関係、つまり関心という心の要素と関与という行動の要素にわけて表現し、関係人口チャートをつくってみました。それを使うと、最も関心があって関与が深いところに移住が生まれることになります。おそらく首都圏に住む人の7～8割くらいが田園に住むことに無関係で、二～三割が関係人口になるのではないか。このように図式化できると、今までは無関係人口にいきなり移住してくれないかという移住政策を実践していたのではないかということがわかります。実はその間にはかかわりの階段があるのです。

たとえば特産品を購入した人に寄付を薦めたり、寄付をした人にボランティア活動を薦めるといったふうに階段を上ってもらうプロセスが重要ではないかと考えます。この階段を徐々に上っていく関係人口の姿を見ることができます。しかしよく見みると、関心先行型とでも言えるようなプロセスも存在します。有機農業などに関心は非常に高いもののなかなか行動には移しませんが、ある段階で一気に行動に移るような人たちです。あるいは、宮崎や徳島などで見られるサーフィン移住のようなタイプです。そうした方の関心は地域ではなくて波なのですが、移住してからは地域に関心を持つというプロセスです。このように多様な移住プロセスの見える化が可能になります。

関係人口には多様な存在や有り様が見られる

この関係人口の意義の第一は、移住政策を精緻化することです。移住政策とはかかわりの階段の段差を低くすることです。次に、それには多様なプロセスがあるということがわかります。最近、地方創生への批判として人口の奪い合いだという議論が出てきていますが、そうではなくて、一人の人間が居住している地域に対して、「一・〇」の心を寄せている地域に対して「〇・二」のかかわりができれば、実はそうではないということが言えます。これが、関係人口の最も大きな意義かもしれません。また、関係人口という裾野があるからこそ田園回帰が生まれるとも解釈することができます。

さらに言えば、そもそも移住しない関係人口が存在しており、ここも重要です。かかわりの階段に座り込んでしまい、そこから一歩も動かないのですが持続的に関係を保つ、あるいは関与は変わらないものの関心はより深くなっていくという人も関係人口になるかもしれません。一度移住した人間がまた外に出てその地域を応援するという、逆流型の関係人口さえも生まれています。このように、関係人口は多様な存在が明らかになっています。

ところで、田園回帰の特徴は、何といっても地域的偏在性です。なぜそのようになるのかを、先の住民異動台帳データの分析から見てみると、地域づくりで有名な町村が現れてきます。地域づくりがおこなわれている地域が田園回帰や関係人口の受け皿となっているのです。そこに面白い人がいるから、面白い場所があるから、だからこそ田園回帰や関係人口が生まれて、その方々が地域づくりをさらなる高みに誘導していく。そんな循環が起こっていると考えられます。そういう意味で、地域づくりで有名な所に人が入り込んで来て、さらにそこで地域づくりがより面白いものに変わっていくという好循環傾向が出てきているのです。

そうしたなかで、むら・むら格差が起こってきます。従来の、まち・むら格差、つまり都市・農村格差ではなく、むしろ農村間の格差が拡大しているのです。だからこそ、本来であればトレードオフの関係にあるべき、東京一極集中と田園回帰傾向が併存しています。東京圏への流入超過が一三万人を超えている一方で、顕著な田園回帰傾向が起こっているのは、むら・むら格差が要因ではないかと考えています。

こうした傾向のなかでも新しい動きが生まれています。それを「多自然型低密度居住地域」と呼びますが、別の言葉を使えば、「人口減・人材増」という地域の出現です。人口は減っているけど人材が生まれて何か賑やかだ。これを最近では「にぎやかな過疎」という言葉で表現しています。具体例としては、ニセコ町、周防大島町、美波町などが挙げられます。美波町では昨年一二月、「にぎやかな過疎宣言」をおこないました。それは映画になりました。多様なプレーヤーの交錯、つまり地域づくりに取り組む地域住民や新しいコミュニティ、あるいは地域で仕事をつくろうとしている移住者、さらに何かかかわれないかと動いている関係人口、そしてＳＤＧｓで機関投資家を意識して民間企業が地域貢献を本格化しています。従来のＣＳＲとは違うレベルで民間企業が農村部で地域貢献を求めているのです。そこにＮＰＯや大学が加わって、多様なプレーヤーの交錯が起こっています。

その特徴は、人口は減っているけど地域はワイワイガヤガヤしている、人が人を呼ぶ、仕事が仕事をつくる、多様な人材のごちゃ混ぜ、あるいはそのごちゃ混ぜの場があるのです。ニセコ町では、駅前の中央倉庫を改造して、通学の高校生から高齢者までが寄り集まることができような、かつての「縁側」のような場をつくっていました。そうしたところは、都市農山村共生社会の拠点ともなり始めています。農村ばかりでなく、地域のあるべき姿をそこに見ることができます。

以上、駆け足で見た平成期の農村の動態をまとめると次のように言えると思います。平成をひとくくりにまとめると一方的後退ということになりますが、時期区分をしてみると、決してそうではありません。むしろ地方消滅論が、人口動向の単純延長で見逃してしまったのが、時期別、地域別に見た場合のさまざまな動きです。一部の地域では田園回帰との好循環が生まれており、その結果現在、むら・むら格差が生まれている。そして目標として見えてきたのが、にぎやかな過疎です。農村地域政策は、こうした内発的な地域づくりを後押しすることが基本ではないかと思います。

自治体レベルで先行した農村政策

その農村政策を振り返れば、それは地方で先発しました。地方政府で先発したと言ってもいいと思います。体系立て、最も早い動きをしたと思われるのが先にも触れた鳥取県智頭町でしょう。手挙げ方式を採用し、今では当たり前となった一括交付金、複数年度支援といった政策がおこなわれました。今から二〇年前にはおよそ考えられなかった一〇年間という複数年度支援がおこなわれたのです。

そうした動きが都道府県へと広がって、鳥取県では中山間地活性化推進交付金を創設しました。ちょうど智頭町でおこなわれていたようなものを、金額を大きくし、プレゼンによって採択を審査していました。三年間の事業継続と資金融通の担保のために、民法上の債務負担行為の設定をおこない、単年度予算の壁を完全に取り払う仕組みを導入しました。こうして、コミュニティと経済の危機のもとで、内発力・多様性・革新性を意識した自治体レベルにおける取り組みが先行したのであり、これこそが現場力です。

残念ながら、国レベル、とくに農水省の対応は立ち遅れました。なぜ立ち遅れたかと言うと、そもそも農政には、コミュニティを政策の中に位置づけるという姿勢が弱かったことによるのではなかったかと思います。ただ一九七七年（昭和五二）には、地域農政がスタートし、それまで集落は農業近代化の障害とみなされていましたが、そうではなく集落を農政の中に取り込む動きがあったのです。その要素は「地域別農政」あるいは「コミュニティ農政」または「集落農政」が転作や農地流動化、農業改善事業の中で全面的に取り入れられた時期でした。ところが八六年の農政審報告から、そんなふうに地域に農政を任せるゆっくりした農政はできないということから、国際化農政がスタートし、地域農政の路線は一気にしぼんでしまいました。集落を位置づけるという姿勢がこの段階で脆弱化し、九二年に新政策が農村を取り込んだもののそこには集落の視点はほとんどありません。新基本法の中でも、コミュニティ・集落の位置づけはほとんどない、というのが実態です。そもそも日本の農政は、一時的には注目された集落を農政の中に位置づけることには、必ずしも得意ではなかったと言えそうです。

そして、ガットウルグアイラウンド対策では、もっぱらハード事業でした。これも地域農政ができなかった要因の一つです。さらに、地方分権改革も影響しています。国レベルの地域政策の動きを難しくしてきました。地方分権推進委員会は、地方自治体こそが地域づくりに主体的に取り組むものではなくてはいけないと位置づけています。農水省の政策立案者にとっては、農村政策を考える時、なぜ国が扱う政策なのかが常に問われているということです。これが、ボディブローのように農水省の農政立案に効いているのだと考えられます。これらのことが、国の農村政策が現場から離れていくことに影響したのだろうと思います。

農水省にとって念願といえる農村所管

しかし、新基本法の中で、中山間地域等直接支払いは集落協定という仕組みを取り入れました。そういう意味では、新基本法の中で集落の位置づけはあったのではないかと思われるかもしれませんが、むしろ中山間地域等直接支払制度の仕組みは、農政上の突然変異だと位置づけるべきです。集落協定をつくることは、新基本法の議論の延長線上には必ずしもなかったと思われます。なぜならば、基本法に先立つ食料・農業・農村基本問題調査会の答申や基本法それ自体には、集落協定は登場しません。特に、基本問題調査会・農村部会の文書にも集落という言葉は二か所くらいしか出てきません。検討材料になっていなかったということです。

つまり、基本法の議論とは別に集落協定という仕組みが導入されたのだろうと思います。それは、ヨーロッパ型とは異なる、条件不利地域対策として集落重点主義が制度設計の中で位置づけられたからだと思いす。そして、この集落協定という政策的インターフェイスによって、直接支払い交付金は格差是正と同時に地域づくりの財源にもなります。たとえば高知県梼原町では、集落協定を統合し、明治期の旧村である「区」という単位でまとめて使っており、地域づくりの恒常的な資金源となっています。地方分権改革に対しても、条件不利性を是正して、ナショナルミニマムを実現する政策として巧妙にクリアしていた政策でした。

ただし、そこには限界がありました。生源寺先生が早々と次のように指摘しています。

「中山間地域農業に対する直接支払いは、必要とされた総合施策のうち一部を分担しているのにすぎない。このまま総合的な施策が明確に打ち出されない状況が続くなら、画期的ともいえる中山間地域への直接支払い制度は、いわば孤立した政策として地域社会の後退とともに舞台から退場することになりかねない」。

これは、二〇〇三年くらいの文章だと思います。つまり、突然変異のものであって、体系的なものでなく、それを支える周辺的な政策がないという弱点が出ていると思われます。それでは新基本法には、そもそもそれを支える周辺的な施策をセットする条件がなかったのでしょうか。そんなことはありません。新基本法三四条第二項で、農村の総合的な振興を位置づけていますし、二〇〇一年（平成一三）の農水省設置法では、農山漁村および中山間地の振興を農水省の役割と明記しております。農水省ＯＢに聞けば、そもそも農水省にとって農村所管は悲願だったということですが、このようにせっかくそれを獲得しながら、残念ながら総合的な施策の体系化ができていません。

かつて農村という言葉は少なくとも部署の名前としては使われていませんでした。農村振興課は国土庁があったときには国土庁にあり、現在の農村工学研究所は、当時は農業工学研究所で農村を名乗ることができませんでした。二〇〇一年に農村振興局ができて、初めて農村を名乗ることができ、そこの所掌事務には農村振興に関する省横断的な政策の定義・調整がはっきり書き込まれています。こうした意気込みで農村振興局がスタートしたのですが、それがなかなかできなかった。

実は、農水省は数年に一度、総合的振興の体系化の模索をおこなっています。一番最初におこなったのは、二〇〇一年、農山村振興研究会を立ち上げ、総合的振興のための検討をおこなっています。しかし、ここでの政策は実現できませんでした。二〇〇七年に限界集落問題が取り上げられたときも同様に、基本方向研究会ができて、東京農大の林学の宮林先生が座長となって検討がおこなわれましたが、このときの取りまとめも必ずしも政策化されていません。最近では、私が座長をさせていただいた二〇一五年基本法のとき、当時の次官が、農村にも総合的な政策が必要だということで、農村の振興のための検討会を開催しました。そこでもそれなりのとりまとめがされ、報告書ができたのですが、実質的には活かされていません。つまり、農村政策の総合化は数年ごとに検討されながら、毎回お蔵入りになるという傾向があるのです。

使われた車の両輪論と補助輪化の言葉

二〇〇五年に、農政の中で「車の両輪」という言葉が出てきます。これが場合によっては、農村政策の総合的検討の障害となったとも言えるかもしれません。二〇〇五年に基本計画ができ、生源寺眞一座長のもとで、従来は整理されないままであった地域振興と産業振興を整理するとして、経営所得安定対策大綱が出されました。産業政策と地域振興政策のそれぞれの代表として。経営所得安定対策と農地・水環境保全向上対策が提案され、ここで初めて「車の両輪」という言葉が使われました。しかし、それを主張した生源寺先生は、車の両輪ではなく「二層の日本農業」と言っていました。車であれば一輪車でも動きますが、二層だとすると、基層の部分がなくなれば上層もなくなる。おそらく生源寺先生はそれを意識して二層という言葉を使ったのだと思います。にもかかわらず両輪という言葉が使われてしまったことで、ある種の混乱が生まれたのかもしれません。

しかし、以上は狭義の農村政策の動きです。水管理や水路掃除などにかかわることが狭義の農村政策として強調されました。一方、農村政策には基本法三四条に規定されているような農村の総合的な振興という広義の農村政策もあります。実は、この狭義と広義が混濁されているのが、現在の混乱の原点ではないかと思います。なぜかと言うと、われわれ研究者や自治体の職員は広義の農村政策、つまり福祉政策も景観政策も含めて様々なものすべてを農村政策と呼んでいます。しかし農水省は、農地・水環境保全向上対策ででてくる狭義の農村政策を農村政策と呼んでいて、両者はすれ違っていると思われます。つまり、農水省にとっては、農村政策は法律まで制定して実施している、日本型直接支払制度というかたちできちんと実施しているので、問題はないと考えているようです。一方研究者からは、総合政策ではなく地域資源政策にシフト矮小化していると指摘されます。まさに、両者がすれ違っているということだと思います。「車の両輪」という言葉が、農村政策をめぐる議論にむしろ混乱の拍車をかけていると言えるでしょう。

しかも、狭義の農村政策は残念ながら「補助輪化」しています。二〇〇五年に農地・水環境保全向上対策が提示されましたが、二〇一五年の基本計画では次のように言及されています。「農業の構造改革や新たな需要への取り組み等を通じて農業や食品産業の成長産業化を促進するための産業政策」とし、「構造改革を後押ししつつ、農業・農村の多面的機能を維持・発揮を促進するための地域政策」とされ、地域政策はいつの間にか、構造政策を促進する後押しする政策と位置づけられているのです。明らかに、構造改革あるいは産業政策という大きな車の補助輪として、狭義の農村政策が矮小化されているということです。「車の両輪」から「補助輪化」が、狭義の農村政策については言えると思います。

一方、広義の農村政策は官邸のプロジェクト化してしまったように見えます。ジビエ、農福連携に関しては官邸に連絡会議がつくられて、いずれも官房長官が代表となっており、官邸によってプロジェクトあるいはモジュールとして切り取られてしまいました。そのため、農村政策の体系性は邪魔にさえなりました。その意味では、狭義も広義も後退し、農政の農村政策離れが起こっているのです。農水省の対応は、補助輪化した狭義の農村政策に注力して、官邸から下りてくるプロジェクトをこなすことが、農村振興局の仕事になってしまっているのではないでしょうか。そこにこそ大きな問題があると思っています。農村政策のプロジェクト化の影響は、食料・農業・農村白書にも見ることができます。たとえば二〇一五年の白書にはかなり体系的な白書でしたが、その後、活性化プランが力をもつようになると、白書自体がプロジェクト一覧の様相を見せてきます。その結果、農村政策はいつの間にか他省庁に広がっていきました。むしろ、地方創生本部、総務省、国交省で農村政策がかなり本格的に展開しています。

以上をまとめてみます。地方自治体で地域づくり支援、農村政策のあるべき姿の模索が先行しました。悲願の実現として、農水省は、一九九九年の基本法と二〇〇一年の設置法改正によって、農村政策部局のポジションを獲得しました。中山間地域等直接支払制度はその象徴でした。しかし残念ながら、農村政策の体系化は実現しませんでした。その結果、狭義の農村政策、つまり地域資源政策が農村政策として強調されることになったのです。それさえも産業政策に取り込まれています。強い農業政策が補助輪化を促し、体系化されなかった広義の農村政策はその一部が官邸のプロジェクト化し、官邸農政に取り込まれることになりました。農水省における農村政策の空洞化と、他省庁による代替が起こっていると見ていいでしょう。

そうはいうものの、農村政策にかかわる総合調整機能は必要です。官邸プロジェクト化による細切れ化によって、むしろそれが必要になってきます。今こそ車の両輪論は二層構造として、再建が必要だと考えます。

ボトムアップ型の農村政策と格差是正

それは、あるべき方向性について論じてみたいと思います。第一に、なによりも新基本法に立ち戻るべきだと考えます。新基本法の条文にはほかの法律には見られない大きな特徴が二つあります。一つは、「地域の特性に応じて」という言葉で、これが六か所も登場します。つまり、地域づくりの原則である多様性をかなり意識したのがこの基本法です。二つは、三七条には、「地方自治体と国は相協力する」ことが努力義務として書かれており、この点でも画期的です。

しかし現実には、地方自治体の一部はむしろ農政改革が繰り返されることによって、再中央集権化がいつの間にか農政では進んでいます。ある自治体の職員は、自分の仕事は次々と変わる国の農政に慣れることだと、またある県の職員は、東京事務所を通じての農政情報を探り、それを早く市町村に流すことだと言います。農政は突然の調査依頼が多くて、ポジションとしては全く人気がないと明言する市町村の職員もいます。とくに最近の「強い農業づくり農政」では、三日後に回答せよという調査が多いようです。本来は、農政担当職員が地域に出て条件をつくることだろうと思います。これは地方自治の問題であると同時に、国が意識すべきことでもあると思います。その意味でも、基本計画では、自治体農政の担い手問題がしっかり議論されるべきだと考えます。

そして、農村政策の体系化は国が不得意であるならば、今こそ思い切った分権化をおこなうべきです。二〇一四年に全国町村会がおこなった提言では、農村価値創生交付金制度を提唱しています。その分権化により交付金とすることで、使い方は市町村に任せてみたらどうかというものです。その背景には、国による体系化が不得意であれば、むしろ地方に任せてほしいという考えからでした。そうして共通する問題点を国政が農村政策化する。たとえば人材育成に共通する課題があれば、国として何ができるかを検討する。そのようなボトムアップ型の農村政策を国はつくるべきだと思います。

次に必要なのは格差是正対策です。中山間地域等直接支払制度の特徴は、格差是正と個性あふれる内発的発展という二兎を追ったものでした。ヨーロッパ農政とは異なり、集落協定という仕組みを使うことによって、協定ベースでは地域を基盤とする内発的発展へ、そして半分は個人へという形で不利性からくる格差を是正してきました。新しい基本計画でも、格差是正の論議が必要だと思います。二〇二一年三月に現行の過疎法が失効します。このときに、どのように格差是正政策を仕組んでいくか、ここで農政がどうかかわることができるかです。その際には、新しい格差構造が生まれていることには留意が必要です。クローバル経済が好調ではあっても、それは自国のローカル経済には簡単には波及せず、むしろ他国に波及するという議論もあり、格差が固定化されているという状況が生まれ、さらにむら・むら格差が上乗せされていく。5G時代を迎え、農村はさらに取り残される可能性があり、優先的な5G整備についても基本計画では積極的に議論されるべきとだと思います。自動運転、遠隔医療、遠隔教育などの社会インフラにとっての空気のようなものが5Gだと思っています。

そして重要なのは、農村政策の持続性です。たとえば一般紙での「限界集落」と「地方創生」という言葉の出現推移をみると、「限界集落」出現のピークは二〇〇七年、その年には参議院選挙があり、「限界集落」という言葉は当時の第一次安倍政権の地域再生の象徴として使われた。いわば政治的に仕掛けられた地域再生であって、選挙が終われば人々の関心も薄れていきました。「地方創生」も二〇一五年にピークがあり、同年の統一地方選挙が意識されたもので、その後、人々の関心は下がっています。その意味では基本計画でも、農村再生のムーブメント化、つまり国民的に共有化することが問題提起される必要があるでしょう。その際、今までのような解釈論としての多面的機能ではなく、新しいライフスタイルやビジネスモデルの提案の場、少子化の砦、再生可能エネルギー蓄積の場、災害時のバックアップ、ＳＤＧｓ理念の実現の場などとして打ち出していく必要があるでしょう。今や、都市なくして農村なし、農村なくして都市の安定なし、という都市・農村共生社会を国民が共有する条件は存在していると言えます。そういう意味では、「食料・農業・農村」という枠組みを堅持し、農村という受け皿を持っていることが、国民にとってはもちろん、基本法にとっても、農水省にとってもたいへん重要なのです。

しかしこれは、基本計画というよりもむしろ基本法で位置づけるべきです。つまり、最終的には基本法それ自体を田園回帰の時代に相応しいものに改正するべきと考えています。

（おだぎり　とくみ）

〈質　疑〉

——おっしゃるように、総合化されずに断片として、農水省以外でもおこなわれている農村政策は、仮に農村振興法といった新しい法律をつくったとしても、それらを体系化することは可能なのでしょうか。

小田切　農水省設置法の中に、農村・中山間地域を対象とする「総合的な政策の企画及び立案に推進」と書き込まれてはいますが、農村政策の総合調整が農水省の役割とは書いてありません。ということは、他省庁をリードして農水省の農村振興局がとりまとめるという文言があれば、だいぶ違ってくると思います。二〇〇〇年（平成一二年）初めに農村振興局ができることになったときには、農水省もそうしたことをチャレンジしたはずですが、ほかの省庁は、それを良しとしなかったのでしょう。

――たしかに田園回帰は一つの流れでしょうが、農村に移住して来る人たちと農村の地元に残って地道の農業を続けていている担い手の間のつながりは、必ずしもうまくいっていないように見受けられます。そうした問題をどう乗り越えていけばいいでしょうか。

小田切　地域づくりには多様な人材が必要ですが、それは地域の人々、外から来る人々がごちゃ混ぜになることが重要で、そうした場づくりが重要です。「地域の縁側」と呼んでいますが、それがシェアハウスであったり、カフェであったり、居酒屋であったり、公民館でもあり、そういった動きが各所で出てきています。ところが、そこに決定的に欠けているのが、実は農業者です。ごちゃ混ぜの場にはなかなか農業者は出てきません。なぜかと聞くと、忙しいからという返事がきます。地域の縁側をつくって、地方自治体のコーディネイト機能の中で、そこに農業者も巻き込んでいくことが求められていると思います。

移住者にはＩターンとＵターンというタイプがありますが、とくに鳥取県ではＩターンという外からのよそ者が来ることによって、Ｕターンが増えているという現象が見てとれます。Ｉターンがあることによって、そこでどのように暮らしていけばいいのかをＵターンの方が学べるのです。地元に住んでいる親がＩターンを見て、そんな施策があったのか、自分の子供にも適用できるのではないかと考え始める契機にもなっているのです。さらにＩターンが増えた所には、しばしば孫ターンが増えています。そうした動きはますます広がっていると見られます。

――総務省の農村政策には、いわゆる地域運営組織があります。地域組織の生産部会と農協が連携する動きもあるようです。こうした動きはどう評価されるでしょうか。

小田切　ＲＭＯと略称される地域運営組織は現在、日本に約四八〇〇あります。昨年の八月調査の段階ですから、おそらく今年は、五〇〇〇を超えてくるのではないでしょうか。市町村の四〇％以上が地域運営組織をもっています。そうした意味では、地域運営組織が拡がり始めていて、その組織が地域課題の解決のために、ときには農業であったり、福祉であったり、さまざまな形で地域課題の解決に動いています。そうした手づくり自治区の動きがいよいよ活発化してきています。

ただ、そうした動きとＪＡとは押しなべて無関係です。むしろ農協は地域運営組織そのものの存在を知らないというのが実態です。しかしなかには気が付き始めて、小さな協同組合に相当するものと連携することが重要だと考える、あるいは支店活動の一環としてそうした組織と連携するという動きも徐々に出てきています。知らなかったから連携できていなかったのだとすると、これからは知っていただくことにより、まったく違った動きが急速に出てくることを期待したいと思います。ただし一般的に、農協職員の方も忙しくて地域運営組織の会合に出ているどころではないという声も聞こえてきます。そういった余裕をどうつくるのかが課題でしょう。

――　農水省の政策は二点で間違っていたと思います。その一つは国家戦略特区です。もう一つは農地保有適格法人で、実質的には株式会社を参入させて農地集積を進めようとしたことです。地方の危機的な動きを支えるような息の長い取り組みこそ、地域に任せるべきだと思います。その大前提となるのは、農業者に対する経営所得安定対策だと思います。この点はどうお考えでしょうか。

小田切　まったくその通りで、そうした政策の実現が待ち望まれます。

――　むら・むらの格差はなぜ生まれるのでしょうか。その格差を埋めるにはどのような政策が必要でしょうか。

小田切　「にぎやかな過疎」の第一歩はやはり地域づくりだと思います。地域づくりには三要素があると申し上げましたが、それぞれの地域が自らそれにしっかり乗り出すのか、あるいは企業誘致のような外来型発展を目指し続けるのかというところで、格差が出てきているのだと思います。後者のような所には、なかなか若者は行きません。若者は、住民が愚痴ばっかり言っていたり、地元の悪口ばかり言っているような地域には絶対に行きたくないと考えています。

逆に、常に前向きな人が多い所というのは、地域づくり運動の歴史の差ではないかと思っています。一九九〇年代から本格化している地域づくり運動の差が今になって出てきているわけで、特効薬などありません。きちんと地域づくりにそれぞれの地域が取り組んでいくということしかないと思います。決して遅いということはありませんので、これから取り組んでいって、移住者や関係人口を呼び込んで新しい魅力のある地域をつくっていくことが必要になってくると思っています。

――そうした場面で、ＪＡにはどんなことが期待されるでしょうか。

小田切　先ほどの地域運営組織の場合もそうですが、地域づくりにＪＡが関わっている事例はきわめて少ない。しかし、職員が個人として関わっている例は多くあります。とくにＪ

ＡのＯＢが地域づくり運動のリーダーになっていることは珍しくありません。

そう考えると、組織としての関わりに期待したいとは思いますが、それぞれの職員が住民として関わりをもっていただくことに期待したいと思います。

―― 国としては、地方への移住を促進するような政策をとるべきだとお考えですか。そうした政策をとるときに注意すべき点はどのようなことでしょうか。

小田切　地方創生そのものが移住促進を目標としています。その意味では国レベルの移住対策はかなりおこなわれていると言っていいでしょう。移住者の受け入れにあたっては、市町村にはコーディネーターが必要になりますが、恒常的な窓口を設けているかどうかがたいへん重要です。そうした恒常的な窓口があるかどうかで、格差が出てきます。

そのような移住促進のための人件費を積極的に国や県が支援をしていくことが必要です。そうすることによって、移住促進も次の段階に移っていくでしょう。

―― 地域おこし協力隊の存在は大きなものになってきていると感じています。農水省でも農業就業人口を増やすためにそうした仕組みはできないのでしょうか。

小田切　農水省にも「田舎で働きたい」という地域おこし協力隊に類似する制度がありましたが、地方創生の中で、総務省の地域おこし協力隊に統合され、さらに農水省のこのしくみはは農泊支援に絞られ、お話した官邸プロジェクト化の中に位置づけられてしまいました。

せっかくつくったものが活きなかったということではないでしょうか。

地域おこし協力隊員が就農するという動きもあります。かつての青年就農交付金による就農という形と同時に地域おこし協力隊経由の就農も出てきました。年齢制約が強かった交付金に対して、地域おこし協力隊からの就農は、交付金の資格年齢をオーバーしても受けられますし、兼業でスタートできることが大きな特徴です。島根県では半農半X型新規就農と言っていますが、そうした兼業スタート型が拡がっていかないのは、新規就農政策は産業政策だから兼業農家をつくってはいけないという発想が農水省にあるのだろうと思えます。

農村政策と産業政策がリンクしているのであれば、兼業農家からスタートして、徐々に専業化していくというルートも認められるし、それに対するさまざまな支援策もあり得るでしょう。

―― 現状では、ほんとうの意味での農村政策を総合的にまとめていけるのは農水省しかないのでしょうか。あるいは農水省に、それが期待できるのでしょうか。

小田切　客観的には今の状況はぎりぎりではないでしょうか。まだ農水省に期待していいのか、あるいは諦めてしまうべきなのか。後者であれば、かつての国土庁がそうであったように、地方に関する調整省庁があって、それが何らかの形でさまざまな省庁に分散した施策をパッケージングするようなことも考えられていいと思います。

私個人は、そうは言っても、まだ農水省に期待したいという思いはあります。ほかの省庁が農村のことをほんとうに理解しているでしょうか。たとえば道普請をはじめとするむら仕事などを皮膚感覚で知っているでしょうか。そういう意味では、しっかりとした認識を持った農水省が頑張ってやっていただきたい。

——中山間地域等直接支払い制度は現場にとって使い勝手の良い制度という評価ですが、始めた当時からの担い手が高齢化して、その活用が危ぶまれてきています。この政策を持続させていくための方策はあるのでしょうか。

小田切　中山間地域等直接支払い制度に関しては、私も政策提言をしています。集落払いもその一つでした。集落協定には非農業者も参加できますが、現実には個人支払いが増えていることもあって、農業者への支払いに徐々に純化し始めています。

集落協定というのは耕作者集団がつくるものですが、非農家を含めて、集落あるいは小学校区といった地域全体にお金が行き渡る仕組みにするべきです。ここがポイントで、集落協定という農業者の集団に対する支払ではあるものの、それが集落に対して支払われる仕組みとして、例えば、集落の平均傾斜度を計測することによって対象集落を把握し、集落払いの仕組みをつくることによって地域の内発的発展力を高める。今おこなわれているようにハードルをどんどん下げていくことでは、地域の内発的発展力を高めていくことにつながります。

直接支払の五期対策ではそうした抜本的な対策を望んでいましたが、それはできていないと言わざるを得ないと思います。

――集落協定の数が減少し、集落間でまとめるという動きも多くなっているようですが、そうした動きは有効ですか。

小田切　山口県では一期対策のときから、協定を大きくまとめて大きなお金をつくろうという方針を県が出していました。金額がまとまることで、使い勝手もよく、夢も生まれることから、広域支払いが提言されました。そうした動きが広域加算へとつながったり、農水省もそれを押し進めようとしています。ただしそれは、広域の農業者の協定であって、非農家を含めた集落連合の協定にはなっていないのが実情です。広域にすると同時に、交付金の活用の話し合いに非農家を含めた多くの住民を対象にするよう、施策を変えていかないと先細りになってしまうでしょう。

――基本法の議論は、国民全体に農山村の重要性を認識してもらった上でおこなっていただきたい。多面的機能についてももっと議論を高めていってほしいと思います。

小田切　おっしゃる通りで、今日の議論がそうしたきっかけになればと思います。

――農村地域の多面的役割について、より実践的な提案が必要だということですが、国民にはどういう形で知ってもらうのか、その方策はどんなことが考えられるでしょうか。

小田切　基本計画の議論は、そうしたことの大きなチャンスだと思います。広く国民を巻き込むことによって、そうした議論を起こすチャンスです。

　これまで唱えられてきた多面的機能は解釈論でしかなかったのですが、今では、それはひとびとの実践の型になっているのです。新しいライフスタイル、新しいビジネスが農山村から生まれているのは、多面的機能の実践化と言えると思います。目の前で展開している実態ですから、国民にはこうした形のほうがわかりやすいのではないかと思います。そうした実態を共有化することで、ある種の国民的議論を巻き起こすことが必要だと思います。その延長線上には田園回帰があり、そうした議論は現行基本法が制定されたときにはなかったと思います。大きな潮流になっているときには、そうした動きを前提にして新しい議論をしてもいいのではないか。たとえば、農山村移住、都市農村共生、あるいはＳＤＧｓなども、新々基本法があれば、書き込まれてもいいと思います。

――　実践型の多面的機能は、従来言われていてきた多面的機能とは異なる考え方なのでしょうか。

小田切　新しい多面的機能を打ち出しているわけではなく、従来の多面的機能が実践化したと考えています。それをもっと強調すべきだろうと思っています。

――　北海道の栗山町では、農業振興公社で農地を守り、地域の活性化を目標にして活動をしています。中山間地域等直接支払い制度を活用して、地域の活性化に利用しています。公社でも新規就農を進めていて、毎年二〇〇人くらいの就農希望者があります。北海道で新規就農したいという人が結構います。地域づくりにおいて、いわゆるキーマンがいる所が結果的に、「にぎやかな過疎」になっていくのだと思います。そうしたキーマンとにぎやかでない過疎の人たちをマッチングする取り組みはありますか。

小田切　先述のように、ごちゃ混ぜの場に縁遠いのが農業者です。おそらく若手の農業者は、そうした場にいつかは入って、お互いに刺激しあいたいと思っています。そういう場があるのに知られていないというのなら、より積極的にそれを知らせることが必要だと思います。たとえば有機農業者などは、比較的そうした場に早くから参加していますので、そうしたことが一つのモデルとなって広がっていけば良いと思っています。「にぎやかな過疎」をつくるポイントは、内外の住民、多様な方々がごちゃ混ぜになることが必要ですが、そこに農業者の参画が多くはないことは、現場でも政策当局も意識しておく必要があります。

（二〇一九・一〇・一）

ＪＡグループが考える令和時代の食料・農業・農村基本政策

ＪＡ全中 会長　中家　徹

ご紹介いただきました、全中の中家でございます。本日はこのような機会をいただきまして、まことにありがとうございます。ＪＡグループが考える令和時代の食料・農業・農村政策について、お話をさせていただきたいと思います。実は今日も、基本計画の企画部会がございまして、議論をしてまいりました。平成の三〇年間はまさに農業・農村がすべてにおいて右肩下がりの時代であったと思っております。令和の時代は、これまでの流れとは違った大きな変化をして、今度は右肩上がりの農業・農村にしなければいけないという強い思いをもっています。

食料・農業・農村基本法が二〇年前にでき、五年ごとに見直しをすることになっており、ちょうど今年、新たな基本計画をつくることになっています。基本法には、四つの理念があります。一つは食料の安定供給の確保、二つが多面的機能の十分な発揮、三つが農業の持続的な発展、そして四つが農村の振興です。この理念を何としても実現していかなければならないのです。とくに食料の安定供給に関する部分をみると、次のような記述がみられます。

「国民に対する食料の安定的な供給については、世界の食料の需給及び貿易が不安定な要素を有していることにかんがみ、国内の農業生産の増大を図ることを基本とし、これと輸入及び備蓄とを適切に組み合わせておこなわれなければならない」。先般の安倍総理の施政方針の演説の中にもこれが言われていました。国内農業の生産を図ることを基本とするということです。また万一、凶作など不測の事態にあっても、食料の安定供給を確保しなければならないことを謳っています。このことが一番の基にあるということをご理解いただきたいと思います。

そして、いまなぜ食料安全保障を問うのか。今ほど、食料安保に対するリスクが高まっているときはありません。その理由は五つあります。

一点目は、三七%という過去最低の食料自給率です。二点目は、農業生産基盤の弱体化、三点目は、世界的な異常気象の発生と自然災害の多発、四点目は、世界的な人口増加、そして最後が、かつてない貿易の自由化です。この五点がリスクとして高まってきているのが実態です。

諸外国の食料自給率を見ると、日本は先進国で最低の自給率です。平成五年（一九九三）には米の大凶作で米の輸入がされましたが、そのときと並ぶ自給率です。昭和四〇年（一九六五）には七三%あった自給率は、平成になったときに五〇%に下がり、そして平成一〇年に四〇%、その後、横ばいであったのが、三七%に落ち着いてしまった。

農業の総産出額と生産農業所得の推移をみると、平成二年には一一兆円五〇〇〇億円とピークでありましたが、だんだん右肩下がりになってきて、八兆円台になりました。そして、ちょうど平成二六年に八兆六〇〇〇億円と、ずっと八兆円台できましたが、平成二七年には八兆八〇〇〇億円に上り、二八年には九兆二〇〇〇億円と戻ってきて、二九年も九兆三〇〇〇億円くらいに上がってきています。ここ何年かは三年連続で上昇して、四年目の三〇年は九兆五五八億円と下がりました。

国は農業の総産出額が上がってきたから、農業の生産基盤は強くなったという言い方をしますが、決してそうではなくて、いわゆる生産量が減少して、単価が上がったために産出額が増えたにすぎません。従って、平成三〇年の産出額が少し落ちた一番の要因は野菜です。野菜の生産量が減少して単価がもうひとつだったのが大きい。なぜかと言うと、災害が起きるとどうしても野菜が品薄になり、野菜を使っている業者の皆さんは安定的に供給される海外に供給元をシフトします。冷凍野菜の輸入がどんどん増えて、一〇〇万トンを超え、過去最高になりました。冷凍野菜がどんどん増えてくるということは、日本国内のパイが減るわけですので、国産野菜ができたとしても海外から入ってくる物と一緒になって、供給過多になって価格が下がるというわけです。こういう悪循環があり、その反動が三〇年の産出額が減少した大きな要因になっていると考えられます。とくに米の産出額はかつての半分になっています。消費は一人当たり一二〇キロぐらいであったのが、今では五〇キロ余りになっています。産出額が減っていることから、当然農業生産所得も減少しています。

担い手が減って荒廃農地が増えていく

平成一二年から三〇年の生産量の状況をみると、ほとんどの品目で生産量は減少しています。米一四％、イモ類二三％、豆類二三％、野菜一七％、果実二六％、牛乳・乳製品一三％、砂糖類一八％減少しています。その要因は、人と農地という生産基盤が弱くなっていることです。私の地元は和歌山県ですが、ピーク時にはミカンの生産量が三六〇万トンありましたが、今では八〇万トンと四分の一以下になってしまいました。消費が少なくなったこともありますが、一方では生産基盤が弱くなって、生産量が減ってきているのも実態です。最近ではとくに野菜の減少が大きいようです。

生産基盤の一つである農地についてみると、農地面積、作付面積、耕地利用率ともに減少傾向が続いています。農地面積がこのまま減少していくと、四四〇万ヘクタールを政府の見通しより早めに割り込んでしまいます。昭和三五年（一九六〇）に六〇七万ヘクタールあった農地面積は、今、四四二万ヘクタールであり、令和七年時点での政府見通し四四〇万ヘクタールは、このまま推移すると、それを維持することは難しい。

農地面積減少の要因の一つは、担い手がいなくなって荒廃する農地が増えていくことと平場の優良農地の宅地転用です。私の地元でも、梅などの果樹が米に代わって平場に栽培され、さらにそこが、どんどん宅地に転用されてきています。農地の隣に宅地ができると、そこでの農業は非常にやりにくくなります。たとえば防除作業をすれば、薬剤が飛散しますし、農機具のエンジン音がうるさいというクレームがたいへん多くあります。そうして農業を止めざるをえなくなることも少なくありません。梅は春先に霜害に遭いやすいので防霜ファンを設置して、自動的に稼働させる農家が多いのですが、その音に対するクレームも相当あります。そうして、優良農地がなくなっていっているのが実態です。

もう一つの生産基盤である人についてみると、就業人口が年に約八万五〇〇〇人のペースで減少しています。農業就業人口は平成二二年には二六〇万人でしたが、三〇年には一七五万人になりました。平均年齢は、平成二二年に六五・八歳だったのが三〇年には六七歳になりました。昭和から平成に変わった頃の平均年齢が五七歳でしたから、平成の三〇年間で一〇歳上がっており、このペースでいくと、令和三〇年には七七歳になってしまいます。それほど高齢化が進んでいるのです。農業就業人口を平成一七年と令和七年の見通しで比較すると、三三五万三〇〇〇人が一二二万九〇〇〇人と三分の一になっている。高齢化とともに就業者人口も減っていきます。

異常気象と自然災害のもたらす食料不安

異常気象は世界的に発生しています。今まさにオーストラリアでは山火事が続いています。昨年秋に来日して意見交換したオーストラリアの農業大臣は、干ばつで米が全滅していると話していました。世界各地で高温・低温あるいは多雨といった災害が起きています。自給率三七％のわが国は、食料の六割余りを海外に依存している一方で、世界中で異常気象が起こっているのです。その中で未来永劫安心して食料を輸入していけるのでしょうか。このリスクが、非常に大きくなっています。自国を犠牲にして他国に食料を供給しようという国はありませんし、有事における輸出規制を検討している国さえもあるようです。

とくに大豆、小麦、トウモロコシなど輸入依存の強い作物は不安です。二〇五〇年には穀物価格が最大二三％上昇する恐れがあり、食料不足や飢餓のリスクが高まるという国連の特別報告もあります。とくにわが国最大の農産物輸入先国であるアメリカでは、竜巻やハリケーンによる災害が回数・被害額ともに増加しています。二〇一七年には、米国観測史上最高の被害総額約三四兆六〇〇〇億円を記録しています。

わが国でも近年、自然災害が複数発生しています。過去一〇年の農林水産関係被害額をみると、東日本大震災のときのピークを別にしても、増加傾向にあります。アメダスによって、一時間当たり降水量五〇ミリ以上の発生回数を見ても、同様に増加しています。直近一〇年間の震度四以上の地震発生回数をみても、同様の傾向が見てとれます。一昨年から昨年にかけては西日本豪雨、台風二一号、北海道地震、台風二四号、北九州豪雨、そして秋の台風一五号、一九号と多くの災害が発生しました。

最も敏感に価格へ反応するのが野菜です。たとえば今は暖冬で、レタスやキャベツは二割から三割価格が低下しています。消費者の皆さんは安くて喜びますが、必ずその反動はきます。やはり生産量が確保できて、安定的な価格で提供できることが好ましいのです。そういう意味でも、防災あるいは減災が重要になってくると思います。

まず食料の国内生産の増大が基本

日本は人口減少時代を迎えていますが、世界の人口は増加し続けており、二〇五〇年には九五億人を超えると見られています。とくにアフリカとアジアにおいての増加が大きく、こうした人口増に食料増産が追いついていないのが実情です。

世界的には毎年、日本の耕作面積に相当する耕地が砂漠化しています。したがって中長期的には、世界的に食料需給がひっ迫して食料不足の時代がくると思われます。人口の増加とともに、今後ますます「水・エネルギー・食料」の需要は高まると予測され、一人当たりの食料需要量の伸び率も、とくに途上国を中心に伸びていくと見られています。

平成二七年（二〇一五）、日豪ＥＰＡが合意され、ＴＰＰ１１が昨年一二月に発効しました。日ＥＵＥＰＡは昨年二月に発効しています。そして日米貿易協定も今年一月に発効しました。このように輸入自由化が今までにも増して進んできており、関税が段階的に下げられていき、輸入品が多く入ってくるようになりました。わが国は、中国に次いで世界第二位の農産物純輸入国です。政府は輸出に力を入れ、一兆円という目標を掲げましたが、直近の情勢では必ずしも順調ではありません。それでも依然として攻めの農業ということを言っています。それを否定するものではありませんが、平成一二年から三〇年までの一八年間で、農産物輸出額は約四〇〇〇億円増加した一方、輸入額は二兆七〇〇〇億円も増加しています。輸入は輸出の約七倍も増えているのです。

食料安保、食料の安定供給という観点から、そして日本の農業を強くするのであれば、そうしたことも議論していかなければならないと思います。輸入額と輸出額とでは約一〇倍の開きがあるのです。基本法には、国内農業生産の増大を図ることを基本に、とあることから、そこにもっと力を入れるべきだと考えます。

以上のように、とくに安定的な食料供給へのリスクが高まっている状況のもとで、令和元年（二〇一九）一一月、われわれＪＡグループとして、基本計画に向けての政策提案を決定しました。平時より「質」と「量」の両面で食料安全保障の確立を目指す必要があるとし、「食料安全保障の確立は農業者の取り組みだけで達成できるものではなく、食や地域にかかわる関係団体や、国民、消費者の方々と議論し、理解いただいて、ともに取り組みを進めていくことが不可欠である」としています。

食料の安定供給は、まさに国民・消費者のみなさんが、先ほど申し上げた五つのリスクをどれだけ理解し、認識していただくかが重要ということです。食料の供給は数年ではなく、少なくても一〇年、二〇年という期間で考えていかなければなりません。今の日本ではお金さえ出せばどこででも自由に何でも買えることから、なかなかそうした状況を実感できないのではないかと思います。

食料の供給には農地と就農人口

しかし、先ほどのようなリスクを考えると、三年後あるいは五年後には、それが現実のものとなる可能性があるとすれば、われわれは今一生懸命それを訴えて、実情を理解していただくことが必要です。野菜の値段が下がって良かったと思うとともに、それでは農家は大変じゃないかという思いも持っていただけるような形になってほしいと思っております。したがって食料安保の問題は、農業者だけの問題ではなく、国全体の大きな課題です。生産面では、農業生産基盤を強化して、国内の生産拡大の実現に注力し、消費面では、消費者の皆さん方に十分理解していただき、できれば国産の農畜産物を値段は少し高いかもしれないが選んでいただくことが重要です。

食料安全保障を確立するためには、農地と就農人口の確保が重要です。輸入に頼っている部分をできるだけ国産にしていく努力が必要です。食料供給の内訳を見ると、米については、ここ数年は需給のバランスがとれているものの、毎年一〇万トンもの消費が減少しています。したがって今まで通りの作付をすれば、完全に供給過剰になって米価は暴落します。今われわれは、全国の米生産者の皆さんに、需給に見合った生産をしましょうと、訴え続けてきています。

農家にしてみたら、いい米をつくりたいという希望はありますが、つくりたいだけつくってしまうと供給過剰になって米価は下がってしまう。そこで、大豆と小麦をつくってもらうように訴えています。それらの作物の大半は輸入に依存しており、米をやめてそうした作物に変えれば、米の需給のバランスをとることもできるし、大豆・小麦の自給率が高まり、リスクが少しでも低くなります。とくに今、国産大豆の需要が多くあり、それに応えなければならないと思います。

荒廃農地の発生原因で最も大きいのが、高齢化による労働力不足ですが、ほかに農産物価格の低迷や、担い手が見つからないといったことがあります。こういった原因で耕作放棄地が発生しているのです。転用面積を平成二八年と平成二六年で比べると、減少している地域もありますが、三割あるいはそれ以上増加している地域もかなりあります。とくに中山間地域など条件不利地域では耕作放棄地の増加が著しく、たとえば梅の産地である私の地元の急傾斜地にある梅の園地では、若い世代は更新時にはもう新しい苗木を植えようとはしません。そうして、荒廃地になる可能性が高くなります。そうした所は無理に農業を続けていかなくてもいいのではないか。たとえば照葉樹を植える一方で、平場に新たな農地を造成することもおこなうべきで、そうした政策を打っていく必要があると思います。条件が良い所であれば、担い手も育ってくるのではないでしょうか。

これまで国はずっと、全国の農地の八割を担い手に集約すると言ってきましたが、私たちはそれは無理だと言ってきました。地域によってはそうした集積が必要かもしれませんが、中山間地域で農地の八割が担い手に集約されたときの農村の姿はどんなものになるのでしょうか。やはり、地域の実情に応じたやり方が必要だと思います。私も一部の農地を担い手に預けていますが、担い手がもう手一杯の状態で、これ以上預かることができないと言っています。そうした実情もあることから、担い手だけではなく、兼業農家も含めて多様な方々が多様な形で、小さな面積でもかまわないから農地を守っていく必要があります。

また、ＴＰＰ１１、日ＥＵ・ＥＰＡなど、国際化の進展による環境変化を踏まえて、原料・原産地表示制度を中食・外食にまで拡大してほしいと思います。消費者の皆さんもやはり、国産を食べたいという気持ちを持っていますので、表示によって国産を選べるようにしていただき、安全・安心については生産履歴の整備など、農家は相当な苦労をして取り組んでいます。例えば、一〇〇〇倍に希釈すべき農薬を間違えて八〇〇倍で使ってしまったらだめですし、残留農薬の分析も実施しています。そういう意味では、国産の安心・安全をもっとＰＲしていかなくてはいけないと思っています。

食料・農業・農村基本計画に掲げる目標・施策と連動した食育推進基本計画の実践・進捗管理もしていかなければなりません。国民的議論をつくるために、食農教育は大きなウェイトを占めています。現行の基本計画にも市町村において食育推進基本計画を作成・実施することとされていますが、計画はできていても実践はなかなかできていないようです。経済界等を巻き込んだ国民運動を展開・強化し、国産の消費拡大、農業・農村への理解拡大を進めることがますます必要で、そのためにも食育が非常に重要になってきます。学校給食における地場産物・国産食材の使用割合を見ても、地場産物は三割にも達していません。地産地消が叫ばれますが、コストの問題もあり現場ではなかなか進んでいないというのが実態です。

食育推進基本計画の目標値と現状値を調べてみると、目標を達成しているのは一つもありません。目標値は掲げたものの、成果としては現れていないという実態が見てとれます。やはり具体的にどう実践していくかということが問われています。ＪＡグループでは食農教育にも取り組んでいます。

多様な経営体の維持・発展を

今回の基本計画のポイントの一つは、多様な農業経営が持続的に維持・発展できる政策を確立することです。従来、成長産業ということを前面に、大規模化、法人化を推進し、産業政策としての性格が強く出ていました。その一方で、農村をどうするかということは明確に示されませんでした。

地域政策と産業政策は車の両輪だといわれてきましたが、産業政策の車輪は大きく、一方の地域政策はほんとうに小さな車輪でしかありませんでした。そこで、家族農業・中小規模農家の経営維持・継承にかかる支援を強化しなければなりません。担い手に農地を集約することも大事ですが、担い手が手一杯だとすれば、高齢者、定年帰農者、兼業農家など多様な方々に農地にかかわっていただく、それがわずか一㌃でもいい、そこで物をつくってもらって、農地を守ってもらって、例えば、JAの直売所に出してもらってもいい。そのような形をつくっていくのが大事ではないかと考えます。多様な農業経営が維持・発展する将来像を次期農業構造の展望に具体化することを基本計画に盛り込むことが必要です。

家族農業・中小規模農家が各地域で展開・持続されることの意義はいくつかありますが、わが国農業を維持するためには、すべての農業者がその持てる力を発揮することが重要です。二つには、担い手だけで農村を維持できるかといえば、決してそうではありません。農村コミュニティを守り、伝統文化を守るためにも、家族農業・兼業農家は非常に重要な位置づけにあります。ある地域で、ちょうど秋祭りが終わったときに、四〇歳代の青年と話をしたときがありますが、来年も祭りが続けられるかどうかはわからないという話でした。

こういうことが全国各地にあります。農産物を生産するという役割とは別に、そうした部分が疲弊していってしまっていいのでしょうか。そのうえで、日本はほんとうに発展できるのでしょうか。そのためには、農業を維持していくこととともに、農村をどう維持していくかという視点を基本計画の中にきちんと位置づけることが重要です。

また、国土の約七割が中山間地域であることから、一定以上の農地集約・大規模化には限界があり、多くの農地で中小規模農業者やその組織が必要になります。日本農業の最大の強みは、世界トップクラスの品質・食味を備えた多種多様な農産物であり、こうした豊かさを育んでいるのが、こだわりをもった多様な農業者とその部会・産地、流通業者です。そうしたことが、最終的には食料の安全保障につながるのです。農業経営者に占める家族経営体の割合は日本が九七・六%です。「国連家族農業の一〇年」もスタートし、国際的にも家族農業の重要性が指摘されています。

全耕地面積に占める担い手の利用面積シェアを見ると、二〇〇九年に四八%だったのが二〇一八年には五六・二%に上昇してきています。これを八割にまでもっていくのは至難の業ですし、それを無理強いすると問題が出てくると思います。地域の農業の実態を考えながら、農地を集約していくべきだと考えます。農産物販売金額別、経営耕地面積規模別の経営体数を見ると、たしかに販売金額、耕地面積ともに大きくなっているのは事実です。しかし、大半は中小規模の農家であり、大規模化には限界があります。

輸出拡大には今も相当な力が入れられていますし、われわれも日本の素晴らしい農畜産物を海外に輸出していくことは大事だと考え、力を入れていきたいと考えております。しかし検疫の問題など、まだまだ課題もあります。また、輸出が増えたことが、どれだけ農家の所得増加につながっているかということです。現場の農家にとってそれは非常に実感しづらいところです。海外に市場を求めることによってパイが広がることは大きな力になり、その意味では輸出拡大は重要ですから、今後も引き続き取り組んでいきたいと思っております。

持続可能な災害に強い農業づくり

中山間地域をはじめとする地域振興対策の充実も必要です。日本の農業は多様化しており、国の画一的な政策をパッケージに押し込めて下ろしていくのは、現実的ではありません。もっとバラエティのある対策が求められます。とくに中山間地域等直接支払い制度については、今後とも万全な予算措置を講じていくことが必要です。同時に、防災あるいは減災ともいわれる、農業の多面的機能は社会的資本であり、これに対しての予算措置も不可欠です。

そして、農村振興施策の体系的整理も求められています。農業経営基盤強化プログラムが打ち出されて議論されていますが、その一方で、農村振興プログラムがあってもいいのではないか。農村振興は、農水省だけでできる話ではなくて、農村には多様な方々が住んで構成していることから、そこに定住する条件が整えられなければなりません。当然、総務省、国交省など他省庁もかかわってきます。省をまたがる、農村振興のための会議体をつくるべきです。これは農水省がリーダーシップをとって、各省庁からさまざまな知恵を出し合って、農村に人が住める環境をつくっていくことが非常に大事です。その一つの手段として、農業者を強くすることがあるのです。

持続可能な災害に強い農業づくりを次期基本計画に具体化することもあります。災害が起きてから対処するのではなく、起きる前から対策をとっておかなければなりません。例えば、強靭なハウスを採用する、防風林を活用する、災害に強い品種を育成するなど、技術も含めて対応していく必要があります。一方、防災など農業が果たしている多面的機能を国民の皆さんに発信をしていく機会にもなります。一昨年の西日本豪雨では、崩壊したため池が問題になりました。全国で一六万か所あるため池に関して、防災のための措置が必要とされています。実は、私の地元にも私たち農家が管理しているため池がありました。私も出役で草刈りなどをしてきましたが、五年ほど前からため池の必要性が少なくなってきました。農業をやめる人が出てきたからです。ため池は落葉樹に囲まれていることが多く、葉が堆積して、ため池の機能がなくなってしまいます。そういう所が全国にあるのではないでしょうか。農業をやっていればため池の管理もしますが、やはり人がいなくなるとため池の管理もできなくなる。

昨年の台風一五号では千葉で停電が続きました。東北でも送電線が切れて停電が起こり、復旧まで時間がかかりました。林業が疲弊して木の管理が十分できず、立木に溝腐れができていて、樹木自体が弱っていたそうです。少々の風では倒れないような木でも、そうした病気のために倒木が多く発生してしまったと聞いています。林業による管理が適切におこなわれていれば、被害も最小限に抑えられていたかもしれません。そうしたことから、木材生産のためばかりでなくむしろ防災のために林業を振興していくことも考えられるようになっています。農業や林業が元気であれば起きなかった災害が、現実にあるということが言えることと思います。

鳥獣害は今でも減っていません。作物被害額の推移をみると、減少はしているのですが被害額自体はまだまだ大きい。私のところのミカンは、これまで園地にタヌキ用の防護ネットを被せていましたが、今度はイノシシがネットを踏み倒して入り込んでいました。そうした獣害によって農業をやめていく農家がけっこう出てきています。しかし、そうした被害は金額として計上されることはなく機会損失です。そうした農地はかなりあります。農業生産の大きな障害になっていることは確かです。ＪＡでは対策として罠を普及させるだけでなく、狩猟免許の取得も進めています。そうして捕獲するまではいいのですが、その処理が課題になっていました。ジビエの加工処理はそうした解決策の一つであり、今後さらに推進できる余地もあるでしょう。

農は国の基、そうあればその形を見せるべき

スマート農業の導入と連動した産地づくりを進めることも重要ですが、どう現場で活用していくか、コストが大きな問題です。たとえば共同利用をするなど、工夫をして、早く現場で使えるような形にしていくことが必要でしょう。とくに中山間地での農薬散布では期待される技術です。

また、いわゆるセーフティネット、国産農産物の安定供給・価格安定、農業所得の確保を図るため

の制度の強化が求められています。野菜の価格安定制度や収入保険などさまざまな制度がありますが、それらの推進が望まれます。とくに収入保険は国が立ち上げたものの加入率が低く、制度のあり方を検討する必要があります。国産農産物のブランド・信用を保ち、農業者の所得を確保する観点から、種子・遺伝資源にかかる総合的な知財戦略と万全な制度を構築することも求められています。

さらに、都道府県・市町村の政策推進体制との連携を強化していくことも必要です。前回の基本計画を検証してみると、課題は相変わらず残っているように見えます。大事なのは、立てられた計画をどう現場に情報発信し、実践していくかです。われわれＪＡも含めて、全体的な数値目標を立てるだけでなく、作目や地域ごとにどう具体的に落とし込んでいくかが求められています。そのためには可能な限り数値目標を設定することが必要です。

たとえば国産を基本にして食料の安定供給をするには、どれだけの農地が必要かをきちんと提示すべきです。就業人口をどれだけ確保するかも具体化できると良いでしょう。そうした数値目標を、多様化している地域に情報発信していく。現場の市町村は目標を噛み砕いて、自分なりの振興計画を立てる。それは、行政とＪＡがいっしょになってやっていく。そういう形で、役割分担、アクションプラン、そしてタイムスケジュールを共有していくことが第一です。そして、検証もおこなわれなければなりません。検証がおこなわれなければ、五年後にまた、計画は立てたけれども実行されなかったということになりかねません。具体的な実践の道を示して、進捗や課題をフォローする仕組みをどうつくっていくかが重要です。計画をつくることが目的ではなく、実践するための計画づくりが求められます。

近々、自給率目標をどうするかという議論がされると思いますが、議論は議論として、計画ができた限りは、われわれＪＡを含めて多様な関係機関が一丸となって、計画達成に向かうことが大事だと思っております。

いずれにしても、われわれＪＡグループは、農業・農村を元気にすることが第一の目標でありますし、可能な限りの努力をしていきたいと思っております。そのためには、やはり国民の皆さんがほんとうに農業・農村をどうにかしなければいけないという気持ちに、一人でも多くの方になってもらえるかが決め手になります。農業は過保護だと言われますが、決してそうではありません。ヨーロッパもアメリカも農業に対して手厚い予算措置を講じています。それは、食料は最も重要なものであり、農業は多面的機能を持っているが故です。「農は国の基」と言われますが、そうであればその形が見える予算措置をして、農業・農村を守るという姿勢を見せるべきです。当然、現場の農業者たちも頑張らなければいけませんが、一方ではそうした支援が必要です。支援をしていただくには、国民の皆さんの理解がなければなりません。

（なかや　とおる）

〈質　疑〉

――米依存からの脱却や准組合員問題など、農協の抱える課題はさまざまだと思いますが、今後二〇年くらいの期間で見た場合、ＪＡはどう展開していくとみておられますか。

中家　マイナス金利下においては、ＪＡだけでなく金融機関すべてが同じような状況だと思います。とくにＪＡの今までのビジネスモデルは、金融あるいは共済事業によって経済事業を支えていました。その意味では、経済事業の改革が問われると思います。そうは言っても、長い間に作り上げられてきたビジネスモデルですので、その改革はなかなか簡単にはいきません。

例えば、経済事業の収支改善をしようとすれば、端的に言えば販売手数料を上げれば収支は改善できます。しかし、販売手数料を上げることは農家の所得を減らすことになります。ＪＡが健全な経営体でないと、農業振興や組合員サービスもできませんので、やはり経営は維持しなければなりません。もう一つは、効率化が必要でしょう。単位ＪＡではできないことを広域で実行することも考えていい。店舗の統廃合もあるでしょう。いろいろな施策を講じていって、健全経営に努めていくことが必要だと思っています。そうしないと、農家の要望には応えられないと思います。

――このような大事なときに会長を務められていますが、今夏の改選にあたって次期の意欲はおありでしょうか。

中家　現時点では任期以降のことはまったく考えておりません。一生懸命、任期を全うするしかないと考えています。

――国の農業政策もＪＡも、基本は国民に食料を安定供給することだと思います。一方、世界的に異常気象が頻発している中で、気候変動を緩和する対策を明示するのも基本計画の役割だと思いますが、いかがでしょうか。

中家　気候変動は、日本農業だけの問題ではなくて、まさに世界人類の問題だと思っています。そして、今すぐ対策を講じたからといって、すぐにその効果が出てくるというものでもありません。ＳＤＧｓへの取り組みもそうですが、今度の基本計画にそれを盛り込むかどうかというよりも、グローバルなもっと大きな問題だと思います。基本計画の中では、具体的に防災あるいは減災についての位置づけをしていくことが大事だと考えます。

――先ほども言及がありましたが、輸出増は農家の所得向上にどうつながると考えていらっしゃいますか。

中家　農産物輸出の増加を直接農家の所得に結びつけるのは難しいと思います。ただし、日本の人口がこれから減っていく中で、海外に市場を求めることで市場に幅ができ、需要が増えることになります。そのことは、間接的には農家のためになっていると思っています。

――減少する国内生産を補うだけの輸出をおこなうには、相当な原価の低減による販売価格の低下が必要になるのではないでしょうか。輸出を拡大していくことと、農家の所得を上げていくことの両立は難しいのではないですか。

中家　中国がやっと日本からの牛肉輸入を解禁したように、輸入が本格化するのはこれからではないでしょうか。現在でも日本産の農産物は世界でも人気があり、国内では想像できないような高価格で販売されているものもあります。そう考えると、日本の農産物輸出の可能性はあるとみています。

――ＥＰＡなどによる国際化の影響は今後どのようになっていくとみられていますか。

中家　関税が下がっていくのは確実ですが、輸入がどれだけ増えていくかは不透明です。昨年の状況を見ていると、牛肉の一時的な輸入増なども見られました。ＴＰＰ１１が発効したときには、量販店などが特別な販売戦略をとったために一気に増えましたが、少し長い期間で、全体的に見て以前とあまり変わっていないということも言えます。われわれが思うほど影響は受けていないという印象です。ただし、今後のことはわかりません。

――食料安保が強調される一方で、五〇〇万トンもの食料残渣が生れています。ＳＤＧｓへの対応でもあり、リサイクルへの対応はＪＡとしてどう考えているのでしょうか。また、基本計画を実際に実行していく際には具体的にどうしていくのでしょうか。

中家　ＳＤＧｓについては、農業分野だけではなくすべての分野で対応が求められます。やはり農業としての立場で、基本計画の中にも盛り込んでいく必要はあると思っています。そして、計画をどう実行していくかが一番大事です。その場合、どのような仕組みでおこなうかには工夫が必要だと思います。計画をつくるのと同時に、実行するプロセスもつくる必要があるでしょう。タイムスケジュールとアクションプランを出してもらうことによって、それは可能になりますし、そこまで提示することが計画作成側に求められると思います。

――　麦・大豆生産拡大によって自給率向上も図れるとおっしゃっていましたが、いずれにしても数百万トンにもなるとは思えません。飼料米あるいは米粉についてはどうお考えでしょうか。

中家　飼料米・米粉を含めて米政策に関しては、国に対して要請をしていますが、本日の話の中では触れていませんでした。政策要求では、飼料米や米粉についての拡充を要請しています。

――　日米貿易協議によってＴＰＰ並みの条件が合意されましたが、その影響と対策についてはどうお考えでしょうか。

中家　ＴＰＰ１２から撤退したのは、アメリカのトランプ大統領が、ＴＰＰに参加しないほうが有利だと思ったからでしょう。従って、われわれは二国間の交渉では少なくともＴＰ

P以上の条件が提示されるのではないかという危機感を持っていました。その後、一昨年九月に、日米共同声明により、過去の経済連携協定以上の譲歩はしないとしました。われわれとしては、それは絶対守ってくれとずっと言ってきました。結果としては、その範囲内であり、七万トンの米の枠も除外されました。とはいえ、交渉が妥結すれば輸入農産物がこれまで以上に入ってくることには違いないので、国内農家の経営安定対策を講じてほしいと要請し続けてきました。一応、それなりの予算措置は講じられたように思います。

しかし、まさに始まったところですので、その影響が具体的に出てくるのはこれからだと思います。それらを検証し、実態を踏まえて、農家の不安を払拭するための要請は引き続きおこなっていかなければならないと考えています。四か月後には再交渉がありますが、政府は、農業は交渉対象にはならないと言っています。アメリカでも、大統領選までは交渉はするでしょうが、大きな動きはないという見方があるようです。ただ、われわれとしては注視をしながら、対処していきたいと思っております。

（二〇二〇・一・二九）

現場目線で語る食料・農業・農村政策

有限会社神林カントリー農園・村上市副市長　忠　聡

皆さん、こんばんは。新潟県村上副市長の忠と申します。よろしくお願いいたします。

平成二〇年（二〇〇八）、村上市は一市二町二村が合併して、現在の姿になりました。私は旧神林村の住民でしたが、合併して間もなく、行政改革推進会議のメンバーに選ばれ、二年間委員として務めました。第二次村上市総合計画が平成二七年には審議開始され、審議会会長に選ばれました。その二年目の途中で、市の行政に参画してほしいと高橋市長から乞われました。市長は、合併後の市職員でしたが、初代の市長に代わり、市長に就任していました。そして、旧朝日村の村長だった当時の副市長の任期の後に、私が副市長となりました。ずっと農業に従事していたものですから、あまり行政のことはわかりません。ましてや、副市長は一人ですので、医療・福祉・介護を含めすべての分野に関わらなければなりませんでした。

現在の村上市は平成二〇年に合併し、面積一一七四平方キロメートルと、全国でも広い市域をもっています。旧村上市、旧荒川町、旧神林村、旧朝日村および山北町が合併し、新しい市となりました。人口は五万八八二七人（二〇二〇年四月一日現在）、高齢者率は三八・四%ですが、地区別には、村上地区三三・三%、朝日・山北地区では四〇%と、地域によって違いがあります。昨年六月、山形沖を震源とする地震があり、村上市でも家屋倒壊などの被害が発生しました。

社会保障・人口問題研究所の予測によると、このまま人口減少が進むと、二〇四〇年には約四万人減少するとされ、年間一千人ずつ減少していくことになります。減少数の六割は自然減で、出生数は三〇〇人弱、死亡数は九〇〇人程度です。それを除いた四割は、社会減であり、学校を卒業して市外に出て行く人などで四〇〇人程度です。とくに若い世代の女性が、少ないのが特徴ですが、これはどこの地方でも同じかもしれません。

村上市の特産品の代表は鮭ですが、伝統工芸品も有名です。米の産地としても有名で、新潟では魚沼、岩船、佐渡は同じコシヒカリでも、産地がわかれています。いくつかの酒蔵もあります。年間約二二六万人の観光客が入り込みますが、今年は雪が少なくてスキー場の営業は断念しました。町家の人形様めぐりには県外から大勢の人が来ます。北前船の寄港地だったこともあって、古い街並みが残っていて、保存の取り組みもおこなわれています。

農業センサスによると、販売農家数がどんどん減ってきています。専業農家も減ってはきてはいますが、販売農家全体の減少ほどではないようです。規模別の経営耕地面積をみると、五ヘクタール～一〇ヘクタール、一〇ヘクタール以上層が徐々に増えてきています。そこから、農地集積が進んできていることがわかります。平成二八年度の生産額約一八〇億円のうち、半分近くが畜産です。有名な村上牛は三億円程度ですが、養豚と企業養鶏が半分強を占めています。米は六五億円、園芸が一五億二〇〇〇万円です。村上市の農業は、米主体の農家に企業型の畜産があるというかたちです。農業法人の数は徐々に増えてきていまして、年に二～三件増え、平成二九年で、農地保有適格法人は四九です。それらの法人の経営面積を　合わせると一六〇〇ヘクタールほどになりますので、平均三〇ヘクタールの経営規模と見られます。農地集積率は平成三〇年で五九・四％です。統計上の耕地面積は水田七三三〇ヘクタールですが、米の生産数量目安を計算するときは六五〇〇ヘクタールを水田面積として採用しています。

七〇〇〇万円のライスセンターをつくる

現在、年間販売額は一億五〇〇〇万円、取締役三名、従業員五名の有限会社です。設立当初から従業員として働いてきた者が二代目の代表取締役を務めています。昭和五四年（一九七九）、私は農協の職員をしていましたが、三年ほどで退職して自宅に戻って農業を手伝い始めました。当時は二ヘクタールほどの稲作と三〇アールの葉タバコを両親がやっていました。母親が体調を崩したため、私が実家に戻って農業を手伝うことになりました。帰るからには、田んぼを任せてほしいと父にお願いしました。そして、五人で作業受託組織を立ち上げ、ＪＡに作業を取りまとめてもらって、水田作業受託を始めました。

　作業受託面積は順調に集まったわけではなくて、勤めていた農協管内にあった作業受託組織の下請けをしていた期間が二年間くらいはありました。しかし昭和五六年には、国そして村から合わせて七割の補助をいただいて、総事業費七〇〇〇万円くらいのライスセンターをつくることができました。まだそれほど農作業を受けていなくて、とくに刈り取り後の乾燥調製については、メンバーがそれぞれ自宅に持ち帰って作業をしていましたが、将来を考えると、独自に施設を持つ必要があると考えました。われわれにとって大きな決断で、行政のほうからアドバイスがあったものの、なかなか踏み切れませんでした。しかし、これが最後のチャンスかもしれないとほかのメンバーを説得して、建設することになりました。

　稼働が始まった年に富山県のサカタニ農産を視察に行きました。稲作経営者会議で面識もあったので、ライスセンターの運営などについて勉強させていただきました。当時サカタニ農産は九〇㌶の経営を実現していました。サカタニ造園という会社も経営されていて、夏場に農園で余剰が出る労働力を冬場に造園のほうで働いてもらう、ということをしていました。いわば、グループで稲作＋造園という経営スタイルをとっていました。田んぼの規模拡大だけでは一年間にわたって人は雇えないんです。収入は安定しないんです。そこにヒントがあったと思います。

　そこで近くに例はないかと探したら、同じ新潟県内に切り餅の農産加工をやっている法人がありました。麓二区生産組合で、朝日農業賞を取った法人でもありました。切り餅生産なら、こっちにも材料はあるし、それを加工して販売することを事業化すればものになるのではないかと、さっそく試作をして販売していきます。最初は事務所として使っていたライスセンターの一角を、保健所から許可が得られる最低限の改装をして加工事業を始めました。

　一番苦労したのが販売です。今では六次産業化は普通ですが、当時は、農業者が商品をつくってそれを販売する取り組みは非常に少なかった。高校の先輩が市内の地元のスーパーマーケットの息子だったことから、販売をお願いしました。ただ並べているだけでは売れないので、日曜日に餅を搗く実演をして無料で搗き立ての餅をふるまって、商品の宣伝をすればどうかということになりました。そうして餅つきが有名になって、今度は新潟市内のデパートでイベントをおこなうようになり、さらに東京都内のデパートを回ることにもなりました。

　そうして、全国で餅を搗きながら商品を販売するというスタイルになっていきます。今でもデパートとのお付き合いは続いています。平成元年（一九八九）には、野菜の無人販売所を開設しました。餅の製造のために雇っている主婦の方々に夏場の働き場所を確保しようとしたものです。今ではどこでも見られる野菜直売ですが、当時はまだ少なく、そのうち有人で本格的に販売を始めました。

このように、当初はかなり無理をして経営をしてきましたが、やっと累積赤字を解消できるようになりました。まずは売上を上げながら自転車操業ではありましたが、とにかくお金を回していくことに努めていました。当時は、応援してくれる金融機関もなく、ＪＡにもお世話になりながらやってきました。累積赤字を解消するまでには、ＪＡの購買貸越が一千万円を超えたときもあり、さすがにこのときは個人的にＪＡから借り入れてまとめて清算をして資金をつなげていったこともありました。朝日農業賞をいただいたのが、平成一一年です。

新潟県内には米菓メーカーがたくさんあり、そうした米菓メーカーとの契約をおこないました。ちょうど国の政策も主食用米から他用途利用米シフトへとしていきます。それまでは、地域の転作田を預かって大豆生産に取り組んできたのですが、それらを全面的に他用途米に変えました。要するに、稲による主食用米の生産調整としたのです。これらについては、飼料用米を含めて今でも取り組んでいます。

事業の継承は数段階を同時並行的に進めて

カントリー農園の今の状況（平成三〇年）は、七〇・六㌶で、半分弱の三〇㌶がコシヒカリ、そのほかは業務用あるいは加工用米です。なお、かつて作っていた味噌や梅干しなどの加工品は、今ではやめています。加工品は餅に特化しています。事業の継承については、いろいろな方のご指導をいただいてきていますが、とくに農研機構の根本氏からは貴重なアドバイスをいただきました。根本氏は、石川県の株式会社六星の世代交代にも深くかかわってこられ、私は当時の北村社長からアドバイスの有効性について聞かされていました。中期の計画をつくりながら、数段階を同時並行的に進めていく取り組みで、協業型の農業法人には有効ではないかと思います。

一番大きな課題は、出資持ち分をどうするかです。資本金は二六〇〇万円ですが、六〇〇万円は別会社からのものですので、実質的には二〇〇〇万円を七人で持っていました。次世代にそれをつないでいくためのルールづくりをおこなう必要がありました。家族経営法人経営ではない経営では、そうした工夫が大事になります。

現在、私を含めて創業時の役員はすべて引退しました。私自身はまだ五〇〇株持っていますが、ほかのメンバーは五％を残してすべて譲渡を済ませています。先般、私の長男がきて、その五％もできればすべて買い取りたいと言っていました。実は、六星でも一〇％を残していたと聞いていましたが、後で聞いたら、やはり全部譲渡したと言っていました。前の経営陣が少しでもかかわっていることが、会社にとって負担になるようです。次の世代に任せるのであれば、全権を与えるということではないでしょうか。親はありがたい存在ではありますが、いつまでもかかわっていられると、かえってうるさい。

こうしたルールは確実に守られる必要があります。経営が持続的に展開していくことを前提に確実に次の世代に引き渡していくための基本方針ですから、次の世代として株主になる者は覚悟をもって参加してほしいと思っています。

昨年暮れの一二月三〇日、私の長男である専務取締役はＳＮＳで次のようにメッセージを発信しました。そこには、採算に合わないことはやめる、新経営陣によって第二創業期が始まったのだということ、そして七〇㌶はもはや大規模とは言えなく、新たな稲作農業のビジネスモデルを目指すという思いがはっきりと示されていました。そして、「米づくりで生活が成り立つ農業の実現を夢見ていた三〇年前の創業者たち」から「若者が憧れる農企業の実現を夢見て進みたい」と綴っています。農業法人がもてはやされた時期もありましたが、今や農業に限らず全産業が人手不足に陥っています。とくに地方の建設業は、仕事はあるのに人がいないという状況だと言います。

平場と中山間地域が共生する人間的政策

同じ農業とはいっても、村上市の中でもいろいろな条件の違いがあります。平場の農業については、私はそれほど心配をしていません。私たちのカントリー農園は八集落に圃場が分散しているものの、中山間地域といえるのは私が住んでいる集落だけです。従って、法人もたくさんありますし、一〇㌶以上の個別農家もどんどん誕生しています。ただし、朝日・山北地域といった中山間地域はきわめて深刻な状況にあります。とくに山北地区では深刻です。旧山北町時代に、漁協・農協・町・

森林組合が出資して産業振興公社を設立しましたが、そこで預かった二二㌶には、二二〇枚の田んぼがあり、平坦な所よりの法面のほうが広いくらいでした。六人の職員で作業をしていますが、稲作は大赤字です。市が発注する公共用地の草刈りと除雪によって、なんとか収入を得ていますが、今年は除雪での出動がほとんどありませんので、ますます赤字になるでしょう。

　こうした所では、平場と同じ政策ではうまくいきません。規模拡大の限界もあります。しかし、まだまだ地元にいらっしゃる方はいます。高齢の方でも、農業、農作業にかかわっていただくという仕組みをつくらないと、地域そのものがもたないと思います。こうした所には、多面的機能あるいは中山間地域等直接支払いの厚みを増して、そうした仕組みが今後は必要です。農地の経営は担い手あるいは公社などが担いますが、水路の管理や草刈りなどは地域の方のお手伝いをいただきながら、田んぼは貸してしまってはいても、農地は所有しているんだということをはっきり示して、政策を進める必要があると思います。

　かつては、生活の場と生産の場が同じでした。しかし農地をまとめていきますと、神林カントリー農園は八集落にまたがっていますし、場合によっては行政区を飛び越えて耕作地を広げる法人経営も出てくるでしょう。今までは、地域のことにかかわりながら農業を営むのが当たり前でしたが、それが変化してきています。消防団にも同じことが言えます。若者を中心に消防団を組織しますが、日中は誰も居ませんし、ましてや地域で生活もしていません。みんな町場に出て、借家あるいは家を建てて、実家には両親と年寄りだけです。いざというときに、若者は地域にいません。今、われわれより上の世代で地域を維持するという状況です。こうした状況をどう考えるか。地域の担い手は、実はそこにあるのだと思います。

総務省が地域のコミュニティづくり、あるいはお年寄りが集まる場づくりの取り組みをしていますが、そうしたものと農作業を合体させるような仕組みをつくることを考えてもいいのではないでしょうか。地域おこし協力隊で、今、村上市には七人がお手伝いをしていただいています。この方々はとても頑張っていらっしゃいます。起業して商品を売り出すまでになっている方もいらっしゃいます。ただ、そうした活動と農業との接点はあまりないのが実情です。やはり、個人の思いだけではなくて、地域としての思いをさらに広げて、地域の課題に地元の方々と連携しながら取り組んでいく、地域の担い手づくりが必要だと思っています。

地域と農地を守っていく取り組み

私が言い続けてきているのが、農地集積における所有者と耕作者の権利と義務です。農地中間管理事業もそうですし、経営体育成型圃場整備事業も農地を集積させる手法の一つです。しかしいったん農地を貸してしまうと、所有者はもういっさい関係ないかのようになっています。これは、地域にとっては非常にマイナスです。とくに中山間地域においてはそうです。神林カントリー農園では田んぼは借りますが、集落での共同作業には地主に所有者という立場で出てもらいます。また、水管理も家のどなたかできるのであれば、ぜひお願いしたいと考えています。

出役をすれば、地代とは別に手数料を支払っています。そうすれば、農地を所有しているという意識を　持ち続けてもらえますし、人口が減少している地域の中で生活していても、一定の役割を持つことが生きがいにもつながるのではないでしょうか。

たとえば離農して田んぼを貸している所有者が亡くなったとき、相続した人がもう売ってしまいたいというケースが出てきています。私の地元では、以前一〇アール当たり一〇〇万円を超えていた農地価格も、今では条件によっては、水田で三〇万円から高い所では一三〇万円にもなっています。それではとても買い取れません。かつて買ってほしいとお願いされたとき、五〇万円で買い取ったときもありましたが、特別な事情のあったそのときだけです。ちなみに、地代は年間一〇アール当たり一万八〇〇〇円です。条件の悪い所では五〇〇〇円ですが、それでも経営的には買うよりも借りたほうが有利です。こうした買い取りへの要望をどう解消していったらいいのか。その解決策は見い出せていません。経団連が農地所有の要望を出したようですが、所有しなくても農業は十分できるのではないかと思っています。

経営継承も重要な課題ですが、その前に、事業連携あるいは合併というやり方もありうるのではないかと思っています。もちろん、経営がうまく次の世代に引き継がれるのが理想ですし、そうあって欲しいと思います。しかし、地域ぐるみで組織された集落営農は、みんなでがんばろうという形でつくりました。個別経営が寄せ集まってできた、いわば施設・機械共同利用組織に似ていますので、そうした法人は次の展開は難しい。

そうであれば、地域にあるほかの法人などと手を組んでいきながら、将来につなげていくことを考えてもいいのではないでしょうか。そこには行政の役割が大きいと思います。とくに中山間地域ではそうでしょう。村上市では、平成三〇年度の補正予算を活用して、中山間地域にある農業法人を支援する連携事業に取り組んでいます。中山間地域にある一法人と平場の四法人が連携して、機械や労働力、施設などの有効利用を図ろうとしています。こういった取り組みが、地域農業をさらに力強く支えていければいいと考えています。単に経営を継承するだけでなく、地域全体を見ながら、それをコーディネートしていくことが求められています。

地域農業の底上げに向け高収益作物も

農協は広域合併をしました。その規模は行政以上です。村上市には、二つのＪＡがありますが、さらに新潟県内では四農協にする構想があり、議論がされているところです。広域化すればこそ、地域に目を向けて事業展開を考えていく必要があるでしょう。例えば、条件の悪い中山間地域で栽培された棚田のお米には、それを評価してくださる消費者もいると思います。逆に、平場で効率よく低コストでつくれる地域では、コシヒカリにこだわらず、もっと安く買っていただけるような業務用米を中心にした米づくりに転換することも考えられます。稲作に頼らない高収益作物への取り組みも、ＪＡが率先して取り組むべきです。

　村上市では年間約五〇〇頭の牛が出荷されますが、Ａ５あるいはＡ４で村上牛として認定されるものは三〇〇頭程度でしかありません。これではとても全国ブランドにはなり得ません。市では認定牛一頭について一〇万円、年総額三〇〇〇万円の補助を出しています。

　しかし、この補助金を出し続けていっても出荷量が増えるとは思えませんので、あまり意味はないかもしれないです。クラスター事業への取り組みとしてＪＡにお願いしたら、結果的に取り組めないということでした。合併を目の前にしていることに加え、現行の施設の整理がおこなわれているところだからだそうです。

　そこで民間企業の参画を得て、村上牛再生を考えることにしました。山形県には米沢牛という全国ブランドがありますが、米沢牛の四割は飯豊町で生産されているそうです。そこでは、一〇〇〇頭規模の施設があり、その糞尿をバイオ発電に利用して売電もしています。そうした取り組みをしていかなければならないのだろうと思っています。

　土地改良区は地域にとって大事な組織です。そして、圃場整備の市町村負担は一〇％です。新潟県では県知事以下職員の給料まで削って、財政再建を目指しており、市町村も状況は変わりません。

財政調整基金を崩しながらなんとかやりくりしている中で、土地改良事業の一〇％負担はかなり響きます。しかも土地改良事業費は、当初予算ではなく補正予算で上がってきます。できれば当初予算、さらに四年、五年という期間でスケジュールに基づいた予算執行が大事だと思います。

私は、村上市の農業再生協議会の会長をしていますが、米の生産調整がなくなってから、少し変わってきたのではないかと思っています。ＪＡはどちらかというと人任せになってしまいました。ほんとうはＪＡの組合長に再生協議会の会長をしてもらって、米の生産だけではなく、高収益作物も含めて農地の有効活用を議論してほしいのですが、なかなかそうした機能を果たせていません。令和三年の計画に向けて、そうした議論のできる体制に変えていかなければいけないと思っています。副市長の任期は今年の八月ですが、それまでの残された期間を頑張ろうと思っております。

（ちゅう　さとし）

〈質　疑〉

―― おっしゃるように中山間地域の農業が取り残されており、そこをどうするかが大きな課題だと思います。そうしたところで労働生産性を上げていくには、それにふさわしい機械の開発や利用技術の確立が必要です。村上市ではどんな取り組みを考えていますか。

忠　私が副市長に就任してまず取り組んだのが、ドローンの導入でした。それによって防除の省力化に取り組み、それが徐々に広がっていっています。また、昨年には畦畔の法面の除草をおこなう機械を試験的に導入してみましたが、まだ現場で使うには不十分のようです。いろいろなメーカーが開発に取り組んでいますが、とくに中山間地域で期待される技術の一つです。スマート農業でよくいわれる自動運転トラクターや田植機に関しては、中山間地域での導入はまだ条件的に厳しいのではないでしょうか。ただ、移植栽培を前提にしているかぎりは限界でしょうが、直播による収量確保ができれば期待できるのではないか。ドローンを使っての空中散布などは現実的かもしれません。できればそうした技術の実証実験にも取り組んでいきたいと考えています。

――　地域を維持していくには、中山間地域等直接支払制度について、どんな部分を拡充してほしいですか。

忠　もっと増やして手厚くしてもらいたいということはありますが、むしろ使い道にも幅をもたせてほしい。例えば、法面の管理や水路の管理はたいへんですので、地域の土建業者に任せられるような予算になれば、年寄りの共同作業に頼らなくてもできます。農地の管理を引き受けた農業法人が、そうした管理に手が回らなくても、業者に作業委託をすることもできます。国交省の道路の管理予算はけっこう手厚いようなので、それに準ずるような規模で予算化されれば相当助かります。地域の他の事業者にとっても、新たな仕事が増えることになります。

―― 稲作に頼らない高収益作物には具体的にはどのようなイメージを持っていますか。また、今後外国から牛肉が大量に入って来ますが、村上牛の将来展望はどんなものになるでしょうか。

忠　村上市として奨励している高収益作物はいくつかありますが、その中でも力を入れているのが秋冬ネギです。とくに調製に手間のかからない業務用ネギを奨励しています。一〇《アール》当たり四〇万円程度になるとみられます。収穫して皮をむいて箱詰めして出荷するのではなくて、さらにそれをカットしたり、刻んだりという一次加工までして販売したらどうかと考えています。全農新潟では最近、水田でのタマネギを奨励して、その集・選果場を建設しました。タマネギについても、一次加工を地域内で取り組むような地域内六次産業化が考えられます。牛肉については、いま人気が高い高脂肪の牛肉がいつまでもてはやされるかわかりません。むしろ輸入牛のような赤身に消費はシフトするかもしれません。その意味では、村上牛の市場が今後どんどん広がっていくかというと、必ずしもそうは言えません。

いずれにしても、年間三〇〇頭ではあまりにも少ない。ふるさと納税の返礼品にも間に合わないくらいです。せめて五〇〇頭くらいまでは増やしていきたいと思っています。関税が下がって安い牛肉も入ってきますが、品質に対して一定の評価をいただける消費者がいれば、そうしたところに向けた販売戦略が必要になるでしょう。

――今度の基本計画の議論では、今までに増して地域政策の必要性が強調されていますが、現実にはどのような地域政策が望まれますか。また、よく環境に配慮した農業経営と言われますが、厳しい経営環境の中で、果たしてどの程度可能なのでしょうか。

忠　地域政策と産業政策は、農村振興にとって両輪であることは間違いありません。一口に地域政策と言ってもさまざまです。小さな経営にも焦点を当てるべきだ、とＪＡなどはよく言いますが、一ヘクタール規模の経営にどうやって政策の焦点を当てるのか。それはすでに遅過ぎると思っています。人口がどんどん減少していくというこの動きは、もう止められません。

　そうした地域でも確実に農地を維持していくためには、それを受ける担い手への対応と、それを取り囲む地域で暮らしている方々への配慮が求められます。そして、建設業を含む地域の業態が一緒になって、地域を支える、そういう思いを予算に反映させていくことが大事だと思っています。小さい経営をいつまでも続けていけるようにという政策で、そこにある担い手がほんとうに育つかと言えば、残念ながらもう遅いと思います。

　環境への配慮の中身にはいろいろあります。ＳＤＧｓも、最近耳にするようになってきました。しかし、現場でそれらを受け止めて生産活動に反映させているかというと、残念ながらそういう状況にはありません。ただ、自らが作業にかかわりますので、とくに農薬使用の意識はずいぶん変わってきてはいます。いずれにしても、コストとの兼ね合いが今後も重要でしょう。

―― 村上市の地域おこし協力隊の方々は、どのような活動をしていますか。農業とはまったくかかわりはないのでしょうか。

忠　七名の協力隊の中で、農業をされている方はおりません。養蚕が盛んな地域で繭を使った工芸品の製造、買い物難民への手伝い、民宿をやりながら一部の食材を自家栽培しておられる人もいます。また、山間部へ入った女性は地元の人と結婚し、伝統的な織物をしています。なお、北海道から家族で移住してきて、森林組合で山仕事をしている人もいます。田園回帰といわれ、ひとつのブームになっているようですが、最近は、定年延長で六五歳まで会社勤めをしていた人は、実家が農家だからといって、定年で実家に帰って農業をやろうということにはなかなかならないようです。六〇歳であればまだできますが、六五歳となるとどうでしょうか。

しかし、年金をもらいながら細々と農業を続けるという人たちは、むしろ地域の担い手として、草刈りや水管理などのお手伝いとして期待できる存在になるとは思っています。

――永続性はないかもしれませんが、そうした方々が担い手のサポートをしながら、地域の中での役割を維持していけるようにすることが地域政策ではないでしょうか。

忠　山形県鶴岡市の中山間地域にＪＡ出資の農業法人があります。そこでは、農業法人がたくさんの人を雇って農地を預かるのではなくて、農地は預かりますがそれを地域の担い手に振り分けるという、農地中間管理事業に似た取り組みをしています。地域の方々には経営に参画してもらい、作業も担ってもらうというものです。

ただ中山間地域へ行くと、五年先のことまではとても約束できないという状況ですので、施策もなかなか利用しづらいところもあるようです。

――農地中間管理事業では、いったん貸してしまうと農地所有者としての意識が薄れてしまうということを指摘されました。一方、とくに中山間地域では地域を維持していくには、担い手農業者だけでなく、いろいろな人の力が必要です。どういう場があれば、地域が一体となっていけるとお考えですか。

忠　農業についても議論は、とくにしっかり経営をしている農業者の間ではかなりありますが、それを取り巻くほかの方々、ましてやほかの業界の方々と農業について議論することはほとんどありません。行政としての私の立場上、事業者の集まりに出ることがよくありますが、農業者あるいはＪＡの方が入ってくることはあまりないようです。やはり、行政がそういった仕掛けをして、地域に共通の課題として取り上げいくことが必要だと思います。

あるとき、地元の酒蔵の杜氏から酒に付加価値をつけようと考えて、農家の人と意見交換したいのだがなかなか機会がない、と相談を受けました。酒粕を村上牛に与えて、その牛を商品にしたいというアイデアをお持ちでした。いろいろな業種業態の方々といろいろな話ができるような場の設定が必要でしょう。

――事業継承の支援では、実際に取り組みが進んでいるところはあるのでしょうか。

忠　村上市内では、事業を始めたばかりで合併まで進むかどうかはまだわからない状況です。神林カントリー農園の例で言うと、今のライスセンターは最初に建てたものから処理能力が大幅に向上しているわけではありません。これ以上面積が増えると、自前では乾燥・調製できません。そうすると、もう一つ大きいものをつくろうかとなりますが、それには二億円から三億円かかります。そうなると、すこし躊躇します。

――畜産クラスターについては、本来の目的に戻って、地域の多様な人たち、たとえばレストランや加工業の人たちと議論する中で、畜産のポテンシャルを上げていくべきなのでしょう。やはり、地域の多様な人たちが集まることによって、地域の共通課題も見えてきますし、その解決の糸口も発見できる可能性があると思います。

忠　地域には森林組合や漁協もあります。とくに森林組合には森林環境譲与税が交付されていますし、来年度はそれが倍額になります。林業の活性化も当然必要ですし、農業を営んでいる方も森林を所有され、森林組合にも加入されています。やはり、縦割りに考えていると横のつながりが見えにくくなります。

畜産クラスターについてもそうですが、国の考えた制度の精神がほんとうに地域まで伝わっているかというと、そうでもありません。行政の立場になると、果たしてそれが正確な情報なのかどうかがの判断がつかなくなることがあります。決まったことしか伝わってきませんので、その考え方まではなかなか理解するのは難しいときがあるのです。地域にあるいろいろな組織をもう一度見直して、つなげ直していくことも必要かもしれません。

――　米の作付について、品種選択はどのようにしておられますか。

忠　規模が大きくなると作業を分散する必要が出てきます。そのためコシヒカリだけだと、どうしても作期が短く品質低下を招きやすくなります。そこで、早いものから晩いものまで、品種をバランスよく配置する必要があります。また、販売先が決まっているため、契約に基づいた作付もおこなわなければなりません。

――　人口減少が続いていく中で、日本農業あるいは村上市の将来像をどのように見ておられますか。

忠　昨年はクマが多く出て、秋だけで一〇五頭捕獲するほどでした。サル対策として電気柵を設けていますが、すでに柵の中で人間が農作業をするというおかしな状態にまでなっています。加えて、本来新潟には出ていなかったイノシシまで出てくるようになりました。人の数は減って、獣の数はどんどん増えているのが実情です。

行政としては、山奥に一人でも住んでいればインフラは整備しなくてはなりませんので、非常にコストはかかります。冬場の除雪も同様です。

東京一極集中を抑えて、地方に分散させることを早くしていかなければならない。国全体の人口は縮小していくでしょうが、そうすれば地方の後退は緩やかになるかもしれません。しかし、農業を振興したからといって、必ずしも田園回帰が大きく増えるとは思えません。

都市部との交流事業を通じた関係人口の拡大などで、地方に関心を持ってもらうことが大切と考えています。

（二〇二〇・二・二〇）

地方記者の眼

コロナ禍の花の王国・愛知はいま

会員　西村　公秀

花の産出額が五七年連続で日本一の愛知県。なかでもキク、バラ、観葉植物、洋ランはトップだ。その現場には、新型コロナウイルスの感染拡大の影響が続いている。知多半島の付け根にある東海市は、日本製鉄名古屋製鉄所やカゴメの発祥地という産業の町であるとともに、ブランド力のある洋ランでも知られる。

「うちで栽培するデンドロビウムは、二月中旬から影響が大きくなり、三～四月の価格は例年の半値以下だった。コチョウラン農家からも『今年はひどい』と言う声を聞いている」。東海市花卉（き）園芸組合の大橋将人組合長（五二）は、加盟する二〇軒の組合員の声を代弁する。

大橋さんは約二六〇〇平方メートルの土地にあるビニールハウスで、シーズン中に約一万鉢を出荷する。

デンドロビウムの出荷先は地元の豊明花きの卸売市場をはじめ、仙台から東京、大阪など都市圏に及ぶ。「コロナ禍で花は二の次になってしまった。市場には売参人が来ず、なかなか売れなかった」と話す。

■卒業・入学式自粛の影響

全国有数のカーネーション産地の西尾市。最も売れる五月の「母の日」を前に、西三河農業協同組合カーネーション部会の朝岡勲副部会長（六九）は、「緊急事態宣言が出る前は一本五〇円とか六〇円だったが、いきなり二〇円という競り値もあった」とショックを隠せない様子だった。

取り扱い高が国内一の鉢物市場を運営する豊明花き（愛知県豊明市）の重村修一郎取締役によると、カーネーションの四月の入荷量は前年同月と比べて二割減だったという。

バラも早くから影響を受けた。卒業式や入学式の中止や自粛で、三月に一〇〇円台だった一本の平均単価は、緊急事態宣言後には四〇円台にまで落ちる日もあったという。

花の生産が盛んな渥美半島。田原市の山下政良市長と愛知みなみ農業協同組合の高橋与志彦組合長らは四月二四日、名古屋市の東海農政局のｗｅｂ会議用のモニターの前で、農林水産省の江藤拓農相への要望書にある花の価格支援や生産農家への運転資金の貸し付けなどを読み上げた。

主要産品のひとつ、輪菊（白菊）は、コロナ禍による葬儀の規模縮小が続き、さらに緊急事態宣言後は競り価格が急落した。一本六〇円ぐらいだったものが、一〇円、二〇円という日も。同席した生産農家の一人は「このままでは事業の継続も難しい」と訴えた。

■自治体の緊急支援策相次ぐ

東海市は七月、洋ラン農家への箱代・運送代の補助を発表した。市農務課の話では、ネットのショップから注文をとり、箱代・運送を市が負担する。年度末まで対応する。

洋ランの場合、箱代が二千円、運送代が二千円ぐらいかかるという。大橋さんは「補助があると、四千円の洋ランなら通常の半額で買ってもらえる」と期待する。

愛知県は五月から県内の花農家の経営支援を始めた。花を飾りたいと希望する小中学校や高齢者施設と、価格の下落で生花を破棄せざるをえないという花農家との間をＪＡに取り持ってもらい、生産者に花代や設備費など計二万円まで補助する仕組みだ。県園芸農産課は「他県にはない制度だ。ホームページの応募だけでも四〇〇件もあった」という。

仲介役を務めた愛知県農業協同組合中央会（ＪＡ愛知中央会）は、田原市から届いた輪菊やスプレー菊を五月から七月にかけて計四回、ＪＡビルのフロア一面に飾った。総本数は一〇万本を超えた。

豊橋市は五月の補正予算で四〇〇万円を計上し、市内で二〇〇軒を超える花農家の情報をポータルサイトから販売できるように準備した。市農業支援課の高橋泰男課長は「生産量の大部分を市場に出荷してきたが、インターネットで直接販売することで新たな販路拡大を目指したい」と意気込む。

■花のサブスクリプション

花きの産出額日本一の愛知県の弱みは、意外にも花の購買額が少ないことだ。総務省家計調査で二〇一八年の一世帯あたりの切り花の年間購入額を県庁所在地別でみると、名古屋市は四一位だった。

一定額を支払うことで、いつでも花を交換できる定額制のサブスクリプションのサービスを始めた名古屋市の櫛田篤弘社長（五三）は「花は高い、枯れる、飾り方がわからないという若い人たちが増えた」と懸念し、花のサブスクを呼びかける。現在全国五六店が参加している。

六月三〇日にＪＡ愛知中央会の会長に就任した長谷川浩敏氏（六三）は、「コロナ禍で花などの農産品の需要が減っているなか、消費者の方にＰＲしながら需要を伸ばしたい」という。今後、生産力を維持しつつ、いかに需要を増やしていくのか。官民の連携が求められている。

（にしむら　きみひで・読売新聞中部支社経済グループ）

編集後記

○…河川氾濫や土砂崩れなど大きな被害をもたらせた今年の梅雨。気象庁から「大雨特別警報」が連発されましたが、この警報は気象危険度最高の「レベル5」にあたり数十年に一度の警告だそうです。意味は「安全な場所」から「いのちが助かる行動」を求めた内容だそうです。「タマネギ作り名人である熊本県のマイファーマーが心配です」。農家の皆さん、お見舞い申し上げます。昨年も長野県千曲川の氾濫では水没した新幹線車庫の風景は記憶に新しいですが、このような時、政治家常套句の「国土強靭化」の声もむなしく響きます。

○…さて、本書の中心企画になる特集は、『基本法20年と令和の農政』です。専門家を講師に招き、講演と会員が交わす議論を内容にしている特集ですが、このたびの「206号」は異色の構成になっています。従来は4名の講師ですが、今号は6名になっています。基本法を論じるに相応し幅広い展開を掲載しています。ちょっと冒険的挑戦をしてみました。そういうわけで少し長めの、読み物になっています。

○…従来型研究会の「かたち」を初めて崩してみましたが、もう一つ目的があります。内容の時間差です。テーマ選定と本書の年間発行の時間差です。旬なテーマを早く届ける一方で、活字の記録性をだいじにしていきたい。幹事会での議論は今後、今回のような工夫をしながら試行錯誤をしていきましょう、ということに。

○…『農業気象台』のファンですと、言われます。隠れ読者でしょうね、うれしいです。農業ジャーナリスト賞が決定しましたが、次号に詳細報告を。

（青）

日本農業の動き　No. 206
基本法20年と令和の農政
定価は裏表紙に表示してあります（送料は実費）。
二〇二〇年七月三〇日発行©
発行　農政ジャーナリストの会
編集　会長　行友　弥
〒100-6826　東京都千代田区大手町一の三の一（JAビル）
電話　(03) 六二六九-九七七二
FAX　(03) 六二六九-九七七三
販売　一般社団法人　農山漁村文化協会
〒107-8668　東京都港区赤坂七の六の一
電話　(03) 三五八五-一一四二
URL : http://www.ruralnet.or.jp/
振替　〇〇一二〇―三―一四四四七八
購読のお申込みは近くの書店か、直接発行・販売元へご連絡下さい。バックナンバーもご利用下さい。
PRINTED IN JAPAN 2020
ISBN978－4－540－20062－5　C0061

安全と安心を、すべての食卓に。
JAグループは、生産者一人ひとり
と共に、今日も進みつづけます。
この国の豊かな大地と地域の
くらしを、次の世代へ伝えるために。
JAグループ
耕そう、大地と地域のみらい。
安全と安心を、すべての食卓に。
JAグループは、生産者一人ひとり
と共に、今日も進みつづけます。
この国の豊かな大地と地域の
くらしを、次の世代へ伝えるために。
JAグループ
耕そう、大地と地域のみらい。